新型农民职业技能培训教材

蔬菜植保员培训教程

杜成喜　刘绍凡　编著

中国农业科学技术出版社

图书在版编目(CIP)数据

蔬菜植保员培训教程/杜成喜，刘绍凡编著.—北京：中国农业科学技术出版社，2011.4

ISBN 978-7-5116-0423-1

Ⅰ.①蔬… Ⅱ.①杜… ②刘… Ⅲ.①蔬菜—病虫害防治—技术培训—教材 Ⅳ.①S436.3

中国版本图书馆CIP数据核字(2011)第051033号

责任编辑 崔改泵
责任编辑 贾晓红

出 版 者 中国农业科学技术出版社
北京市中关村南大街12号 邮编：100081
电　　话 (010)82109708(编辑室)(010)82109704(发行部)
(010)82109703(读者服务部)
传　　真 (010)82109709
网　　址 http://www.castp.cn
经 销 者 新华书店北京发行所
印 刷 者 北京华正印刷有限公司
开　　本 850mm×1 168mm 1/32
印　　张 5.5
字　　数 140千字
版　　次 2011年5月第1版 2011年5月第1次印刷
定　　价 16.00元

前　　言

为了适应“建设社会主义新农村”的需要，为农业生产发展服务，本社特邀请一批种植业、养殖业的专家、教授，编写此套《新型农民职业技能培训教材》，这是为“建设社会主义新农村”办的一件大好事。

只有应用科学技术，才能实现农业的发达、农村的兴旺、农民的富裕。进入21世纪以来，面临人口增加、耕地减少的严峻问题，随着社会经济水平的提高，为了满足日益增长的社会需求，我们必须通过调整农业结构，优化农业布局，发展高产、优质、高效、生态、安全的农业，在较少的耕地上生产出尽可能多、尽可能好的农产品。为了达到这一目的，必须扎扎实实地采取多种形式普及农业科学技术，提高农业劳动者素质，发展农业科技生产力。因此，《新型农民职业技能培训教材》的编写、出版是非常必要的，也是非常及时的。这套丛书以广大农村基层群众为主要对象，以普及当前农业最新适用技术为目的，浅显易懂，价格低廉，真正是一套农民读得懂、买得起、用得上的“三农”力作。相信它一定会受到广大农村读者的热情欢迎。

编写丛书的专家、教授们想农民之所想，急农业之所急，关心农民生活，关注农业科技，精心构思，倾情写作，使这套丛书具有三个鲜明的特点：实用性——以“十一五”规划提出的奋斗目标为纲，介绍实用的种植、养殖方面的关键技术；先进性——尽可能反映国内外种植、养殖方面的先进技术和科研成果；基础性——在介绍实用技术的同时，根据农村读者的实际情况和每本书的技术需要，适当介绍了有关种植、养殖的基础理论知识，让广大农民朋友既知道该怎么做，又懂得为什么要这样做。

该书对蔬菜植保员岗位职责和蔬菜植保实用技术作了全面介绍，主要包括蔬菜植保员的岗位职责与素质要求、蔬菜病虫害发生特点及防治技术、农药（械）的基础知识、蔬菜苗期病虫害及防治、十字花科蔬菜病虫害及防治、瓜类蔬菜病虫害及防治、茄科蔬菜病虫害及防治、豆类蔬菜病虫害及防治、葱蒜类蔬菜病虫害及防治等方面。作为农业技术培训的重要教材，相信此书会使蔬菜植保员掌握更多的实用技术，成为蔬菜的良医。

作　者

2011 年 1 月

目　　录

第一章　蔬菜植保员的岗位职责与素质要求

植保员的全称应是植物保护技术员，是保护农作物健康生长的植物医生，使农作物免受病、虫、草、鼠等有害生物为害，在种植业中是十分重要的岗位，尤其在蔬菜生产中是不可缺少的重要工作。植保工作如能及时有效地保护蔬菜生产的全过程，可大大降低损失，提高经济效益。

一、蔬菜植保员的岗位职责

蔬菜植保员应认真执行“预防为主，综合防治”的病虫害防治方针。从农业生态系统总体出发，根据有害生物与环境的相互关系，充分发挥自然控制因素的作用，因地制宜协调应用必要的措施，将有害生物控制在经济损害允许水平以下，以获得最佳的经济、生态和社会效益。

在上级植保技术员的指导下，切实做好本地蔬菜病虫害及其他有害生物的预防和治理。安全、经济、有效地将病虫控制在经济阈值以下。严格执行农业部下达的“在蔬菜上严禁使用剧毒、高毒、高残留农药，提倡使用高效、低毒、低残留农药”方针，杜绝使用禁用农药。为生产绿色、无公害蔬菜提供有力保障。

第一，秋菜收获后，大量病原菌、害虫进入越冬期，彻底清除病残体，处理病原菌、害虫越冬场所。冬菜收获后、春菜种植前，进一步彻底清除病残体，处理病原菌越冬场所，减少初侵染源；注意越冬害虫、苗期害虫的防治，控制虫口基数。

第二，在各茬蔬菜种植前，深耕、多耙、翻犁、晒白，处理土壤，消灭部分病原菌；消灭地下害虫及土壤中各虫态害虫。

第三，在某些蔬菜病害常发区，在预测病害发病前可施用保护剂，防止发病；一旦发病，迅速处理发病中心区，防止病害蔓延。

第四，在大田中，根据种植蔬菜种类确定有代表性的田块小区、种植行、植株，在害虫发生期（7～10 天或盛发期 3～5 天）调查一次百株虫量或有虫株率，根据相关防治指标确定防治方法。害虫发生量在防治指标以下的，应选用农业防治、物理防治、生物防治等措施，将害虫控制在经济阈值以下；害虫的发生量在防治指标以上时，可考虑化学防治与其他防治措施相结合，安全、经济、有效地将病虫害控制在经济阈值以下。

第五，根据为害的病虫种类，正确选用农药；根据受害部位或为害特点选用正确的施药方式和防治的关键时期。做好防护，确保施药人员安全。

二、蔬菜植保员的素质要求

蔬菜植保员应掌握病虫发生、为害、防治的基础理论；并举一反三、活学活用。能够正确识别本地常发性病害和虫害，掌握常发性病害和虫害的发生规律，防治的关键时期和防治技术。了解防治方法的原理，特别是农药防治原理，正确地选用、科学使用农药。尽可能地采用农业防治、生物防治、物理机械防治的方法，提高病虫害防治水平。

第一，在调查病虫发生时逐次做好记录，经过 2～3 年积累，初步掌握当地病虫发生“周年历”，其与蔬菜周年生产之间的关系，作为今后防治的参考。但要注意病虫的发生规律不是一成不变的，常常会因蔬菜种植结构改变而改变，因气象因子特别是异常气候变化而变化，因化学农药的不合理使用而变化等。所以，做好田间观察是因地制宜防治的基础。

第二，在认真学习基础理论的同时，要注意理论联系实际。根据有害生物与环境的相互关系，找出其生活史的薄弱环节，充分发挥自然控制因素的作用，协调应用各种措施，控制病虫的种群数量。根据病虫的分类知识，正确识别病原菌的种类和害虫种类，并根据农药作用机制，正确选用农药，根据病害侵染循环、害虫为害部位和特点等，正确选择防治的关键时期和施药方式。

第三，正确认识农业防治、化学防治、物理机械防治、生物防治等方法对环境保护的重要作用。在病虫发生初期和末期，或次要病虫发生期，尽量使用综合治理，减少化学农药的使用。

第四，了解防治方法的原理，特别是农药的防治原理。正确认识化学农药对环境指数的冲击。切实注意农药使用中的“残留、抗性、再猖獗”问题，正确地选用、科学使用农药，降低、控制环境中的农药“残毒”，防止、控制次要病虫上升为主要病虫或病虫的“再猖獗”，防止或延缓病虫抗药性的产生。

第二章　蔬菜病虫害发生特点及防治技术

一、蔬菜病虫害发生特点

(一)蔬菜病虫害为害现状

近年来,由于蔬菜种类的增加和保护地面积的扩大,为病虫害的发生提供了良好的生存和越冬条件,造成病虫害的发生面积逐年扩大,为害程度不断加重,情况越来越复杂。当前常发的病害有霜霉病、菌核病、灰霉病、炭疽病、疫病和枯萎病等,虫害有菜青虫、小菜蛾、甜菜夜蛾、棉铃虫和美洲斑潜蝇等,一些生理性病害和杂草也给蔬菜生产造成很大损失。

据调查,北京郊区保护地蔬菜根结线虫病发生日益普遍、为害逐年加重;番茄溃疡病、黄瓜黑星病、十字花科蔬菜根肿病、菜叶蜂偶有发生;棕榈蓟马、烟粉虱、番茄细菌性斑点病新近发生。病虫害周年都有发生,如春季保护地 4～5 月份、露地 5～6 月份;秋季保护地 7 月至 8 月上旬、9 月至 10 月中旬,露地 8 月中旬至 10 月上旬;夏播蔬菜 7～8 月份是多种病虫发生为害的高峰期;冬季多种病虫在保护地内越冬及为害。从病虫发生特点及趋势看,随着蔬菜面积(保护地为主)的扩大、种类的增加、种植年限的延长,常规病虫、土传病害不断的扩大及加重;新的或偶发性或地区性病虫不断地对生产构成威胁;地区间由于种植结构、气候条件的差异,病虫害发生有较明显的差异。从近年来对病虫害发生面积和造成损失的分析来看,蔬菜病虫的发生及为害具有以下几个特点。

1. 病虫害种类多

据调查,目前常发蔬菜病虫害超过 100 种,其中,常年发生的害虫有 50 多种,受害蔬菜广泛,其中以十字花科蔬菜受害最严重。

主要的害虫有小菜蛾、菜青虫、甜菜夜蛾、斜纹夜蛾、黄曲条跳甲、斑潜蝇（主要有美洲斑潜蝇和南美斑潜蝇）和蚜虫（主要有桃蚜、萝卜蚜）等。

常年发生的病害有40多种，受害的蔬菜广泛。其中，较严重的有白菜类的软腐病、病毒病、霜霉病、地下线虫，瓜类的霜霉病、炭疽病、疫病、枯萎病，豆类的白粉病、锈病、枯萎病、病毒病，茄果类的早疫病、晚疫病、青枯病、疫病、灰霉病和病毒病等。美洲斑潜蝇、夜蛾科害虫、土传病害、病毒病、细菌性和生理性病害等新病虫害上升，为害加重且难以防治；灰霉病曾是蔬菜的次要病害，随着保护地栽培的迅速发展，该病开始在茄果类、瓜类苗期和成株期严重发生，现已成为保护地蔬菜最严重的病害之一。蔬菜疫病为害也日趋严重。甜菜夜蛾、斜纹夜蛾等夜蛾科害虫近年来有逐步发展为蔬菜重要害虫的趋势。

2.发生面积增大，危害大损失重

据不完全统计，近年我国病虫害发生面积是20世纪80年代发生面积的5～10倍。新建棚室发生瓜类枯萎病后如不及时采取有效防治措施，一般从零星病株到变为普遍发病只需4～5年时间。在大型连栋温室中，果菜类根结线虫病只需3～4年，其病株率可达100％，减产50％以上，严重地威胁着多种蔬菜的生产。近年来，茄果类青枯病、茄子黄萎病分布地区的扩大和危害加剧也有类似原因。甜菜夜蛾、斜纹夜蛾、菜青虫、黄曲条跳甲、斑潜蝇和菜蚜等蔬菜主要害虫，在河北省范围内均可发生为害，而且寄主范围大，对多种类蔬菜构成为害。病毒病和线虫病已成为蔬菜生长的障碍，受害蔬菜一般产量损失10％～15％，严重的甚至绝收。灰霉病、霜霉病、炭疽病、疫病及白粉虱、螨类、蚜虫等保护地主要病虫害发生面积大，且抗药性增强，造成的损失仍很严重。

3.保护地蔬菜病虫害发生严重

保护地蔬菜病虫害发生严重的主要原因是保护地内温、湿度较高的小气候非常有利于各种蔬菜病虫害的发生。此外，多年的连作造成了土壤内的菌源量和虫源量都较高，为新一茬蔬菜病虫害的发生为害提供了充足的病虫基数。如：近几年河北省部分老菜区的棚室内根结线虫发生较重；保护地蔬菜生产的后期，部分菜农在生产管理上较为粗放，也是导致保护地内病虫害发生较严重的原因之一。

4. 病虫害抗药性越来越强

据统计，小菜蛾对氰戊菊酯和马拉硫磷的抗性高达 3 000 倍，对氯氰菊酯的抗性也接近 1 000 倍；菜蚜对抗蚜威的抗性高达 6 000倍，对氰戊菊酯的抗性超过 500 倍，对溴氰菊酯和马拉硫磷的抗性达 400 倍，对乐果、乙酰甲胺磷和敌敌畏的抗性达 100 倍，对氧化乐果的抗性达 20 倍。保护地面积的迅速扩大为病虫越冬提供了条件，使高湿、低温病害和小虫类虫害发展较快，流行频率高，抗性产生快，为害严重。小菜蛾、甜菜夜蛾几乎对所有常用杀虫剂均产生了较高的抗药性，给害虫的防治带来困难。

5. 生理性病害普遍发生

由于营养元素缺乏、管理不善、气候异常等原因，经常导致生理性病害发生，直接影响蔬菜的产量和品质。如：黄瓜化瓜、畸形瓜和苦味瓜，番茄畸形果、裂果和脐腐病，以及营养元素缺乏，高温、低温危害，有害气体危害等。

(二)蔬菜病虫害防治中存在的问题

我国的蔬菜种植面积达 3 000 万公顷，种植的常见蔬菜种类达 200 多种，各具特色的品种达 6 000 个以上。发生在这诸多种类、品种上的蔬菜虫害就达 260 种，其生物学特性、发生区域、防治难易、种类更替等方面存在着十分复杂的情况。在防治过程中主要存在以下问题。

1. 农药供应不平衡

虫害的发生与消长有其自身的规律和条件，必须有针对性地用药，才能取得好的防治效果。有时由于供应的农药品种不齐全，当虫害发生时手中缺药，又没有其他办法，再加上知识技术欠缺和救菜心切的心理，于是出现滥用农药与超剂量用药的现象。其结果是费时、费力、费农药，既造成污染又增加损失。

2. 超剂量使用农药

由于长期、重复使用化学农药，使得害虫的抗药性逐年增强。抗药性的产生又迫使使用者不断加大农药的用量和浓度，从而使蔬菜中含有大量的有毒元素，被人们食用后，造成过量的有毒物质进入了人体，从而危害人体健康。如：标准使用浓度为水释 2 000～3 000 倍的乐果乳剂，提高到 600～800 倍液，甚至于 400～500 倍液；水释 1 000～1 500 倍的“甲基托布津”，提高到 500～600 倍液。蔬菜作物禁用的六六六、滴滴涕等有机氯农药，常在蔬菜产品中检测出来。

3. 有害虫类的增多

生态环境中，由于受过量使用农药，大气成分的变化，地被、栽培习惯的改变，以及温、湿度等气候条件等因素的影响，引起虫类的消长。一些害虫出现了，一些抗性种群出现了，一些害虫由弱变强了，一些几近绝迹的害虫又猖獗起来。

4. 环境污染

蔬菜的生长发育离不开土壤、水和大气等自然环境。而害虫的生存也依赖于环境，若自然环境受到污染，特别是土壤受到污染将导致大量虫害发生，直接影响蔬菜生产。如长期连作重茬，又不注意病虫害源的清理，将使土壤积累大量虫源，造成蔬菜第二年严重受害。除了直接污染土壤而导致的虫害外，由于土壤有机质的减少、pH 值的过大或过小、长期用污水浇灌菜田而造成有毒物质的积累、农药对土壤的污染，以及重金属离子的过量积累等，而引起的各类间接危害，同样也是普遍存在的。

二、蔬菜病虫害的综合防治

(一)蔬菜病虫害的防治方针

我国地域辽阔，地理气候条件复杂多样，适于各种气候类型的蔬菜生长，因此蔬菜品种繁多。到目前为止，我国已有常见蔬菜品种200多种。但凡是有蔬菜生长的地方，就会有病、虫、草害伴随发生。在我国蔬菜上发生的各种病害达450多种，虫害260多种。蔬菜病虫害严重影响蔬菜的产量和质量，有的甚至造成绝收。据有关部门统计，近10年间，我国植保系统每年平均挽回蔬菜损失约280亿千克，占总产量的20％左右；目前，蔬菜因病虫害造成的损失高达20％。由此可以看出病虫害防治工作在蔬菜生产中的重要性。由于蔬菜病虫害种类繁多，发生规律也较复杂，而蔬菜产品产值往往又较高，故在防治过程中，常采用广谱的化学农药，以期提高其防治效果。但因长期使用或不合理地使用化学农药，也带来病虫产生抗药性、杀伤天敌和污染环境等副作用，使菜田生态平衡遭到破坏，又导致了病虫为害的加剧。加之蔬菜产品连续采收的间隔期较短，以及可供生食等特点，施用化学农药后残留的问题也很突出，迫切需要寻求新的防治策略和技术。

1975年我国就制定了“预防为主，综合防治”的植保工作方针。结合蔬菜病虫害防治工作特点，应从蔬菜、病虫和菜田环境的整体观念出发，正确处理好两个方面的关系：一是防和治的关系，强调以防为主，防重于治，即在病虫未发生或形成显著危害前，采取适当措施，使病虫不能发生或不能大发生，保护蔬菜免遭损失或少受损失；但当病虫已经发生时，治也是必要的，即以治补防的不足，两者密切结合。二是各项防治措施的关系，即要互相协调，取长补短，有机结合。实践已经证明，任何一种防治方法都不是万能的，依靠单一的方法防治病虫害，有很大的片面性。但也不是方法措施愈多愈好，应避免把一些不必要的措施凑合在一起，以致互相抵消或产生副作用。在综合防治中，要以农业防治为基础，因时因地制宜，合理运用化学防治、生物防治、物理防治等措施，经济、安全、有效地把病虫控制在不足为害的水平上，以达到增产、保护环境和人民健康的目的。“预防为主，综合防治”体现了植保科学的发展趋势，可与广大生产者的经验密切结合，对病虫进行科学的治理。因此，重治轻防，甚至单纯依靠化学农药，追求“一扫光”的想法和做法都是不可取的。

(二)蔬菜病虫害的防治技术

1. 实施植物检疫

由国家或地方政府颁布法规，授权植物检疫机构执行，依靠行政手段和技术措施，控制危险性病虫、杂草的传播与蔓延。这是一项以预防为主、防患于未然的工作。

(1)植物检疫的任务 禁止危险性病虫、杂草以任何方式传入国内；封锁国内局部地区已发生的危险性有害生物，使其不致扩大蔓延；积极组织人力物力，彻底消灭不慎传入新区的有害生物，保护新区安全生产。

(2)植物检疫工作的主要内容 对进出口和国内地区间调运的种子、苗木和农产品进行现场或产地检疫，发现带有危险性病虫的种子、苗木和农产品等，在到达新区以前或进入新区分散之前进行处理；设立观察圃，对暂不能判定是否携带危险性病虫的种子、苗木进行观察；禁止调运或处理已感染或混杂危险性病虫、杂草的播种材料和农产品等。同时，对已发生的检疫对象采取有效的防治对策。

我国对植物检疫工作十分重视，为了发展创汇农业，不仅要做好进口检疫，而且还要做好出口检疫，履行国际义务，提高我国农产品的国际信誉。国内已公布和实施了一系列植物检疫法规，有效地制止或限制了危险性有害生物的传播与扩散。随着科学进步、检疫技术的发展和有害生物的动态变化，各省(自治区、直辖市)及时修改和补充了各地区检疫对象，对阻断各地未曾发生过的植物病虫草害的侵入起着积极的作用。

2. 加强农业防治工作

运用农业栽培技术措施，创造适宜于蔬菜生长发育和有益生物生存繁殖而不利于病虫害发生的环境条件，避免或减轻病虫为害，达到蔬菜增产的目的。农业防治法具有经济、有效、简便等特点，还具有长期地控制病虫发生的预防作用，是一项非常重要的防治措施。

(1)选用抗(耐)病虫品种　选用抗(耐)病虫品种是防治蔬菜病虫害最根本的、既经济又有效的措施。各地可以结合当地种植的蔬菜种类和病虫发生情况,因地制宜地选用抗病虫品种,减轻病虫为害。

(2)用无病种子或进行种子消毒　无公害蔬菜应从无病留种田采种,并进行种子消毒。常用的方法有温汤浸种(如黄瓜,其种子可用55℃温水浸15分钟或用50℃温水浸20～30分钟)、药剂拌种和种衣剂包衣等。

(3)适时播种　合理选择适宜的播种期,可以避开某些病虫害的发生、传播和为害盛期,从而减轻病虫为害。如大白菜播种过早,往往导致霜霉病、软腐病、病毒病、白斑病发生较重,而适时播种既能减轻病虫为害,又能避免迟播造成的包心不实。

(4)培育无病壮苗,防止苗期病虫害　育苗场地应与生产地隔离,防止生产地病虫传入。育苗前苗床(或苗房)彻底清除枯枝残叶和杂草,采用培养钵育苗,营养土要用无病土,同时施用腐熟的有机肥。脱毒种苗繁育技术是防治病毒病最有效的方法,采用马铃薯、大蒜、甘薯等脱毒种苗防治病毒病已大面积推广应用,并取得了良好效果。

(5)嫁接防病　嫁接技术的广泛应用有效地减轻了许多蔬菜病虫害的为害。瓜类、茄果类蔬菜嫁接可有效地防治瓜类枯萎病、茄子黄萎病、番茄青枯病等多种病害。嫁接防病的关键是对砧木的选择,如:西瓜常用瓠子、葫芦,黄瓜常用云南黑籽南瓜、南砧1号。采用的接穗要注意对其品质、产量和生育期的选择。

(6)合理轮作、间作、套种　蔬菜连作是引发和加重病虫为害的一个重要原因。在生产中,按不同的蔬菜种类、品种实行有计划地轮作倒茬、间作套种,既可改变土壤的理化性质、提高肥力,又可减少病源、虫源积累,减轻为害。

(7)科学施肥　合理施肥能改善植物的营养条件,提高植物的抗病虫能力。应以有机肥为主,适当施用化肥,增施磷、钾肥及各种微肥。施足基肥，适施追肥，结合喷施叶面肥，杜绝施用未腐熟的肥料。氮肥过多会加重病虫的发生，如茄果类蔬菜绵疫病、烟青虫等为害加重。施用未腐熟有机肥，可招致蛴螬、种蝇等地下害虫为害加重，并引发根、茎基部病害发生。

（8）清洁田园　病虫多数在田园的残株、落叶、杂草或土壤中越冬、越夏或栖息。在播种和定植前，结合整地收拾病株残体，铲除田间及四周杂草，清除病虫中间寄主。在蔬菜生长过程中及时摘除病虫为害的叶片、果实或全株拔除，带出田外深埋或烧毁。

3. 生物防治

利用有益生物或生物代谢产物控制病虫害，称为生物防治。其特点是对蔬菜作物和人、畜安全，不污染环境，不伤害天敌和有益生物，具有较长期控制的效果。生物防治是无公害蔬菜病虫害综合防治技术的重要组成部分，它包括保护利用天敌和使用微生物及代谢物制剂等控制蔬菜病虫害，可以取代部分化学农药的应用，减少化学农药的用量，且不污染蔬菜和环境，有利于保持生态平衡。目前，“以虫治虫”、“以菌治菌”、“以菌治虫”、“以病毒治虫”、“以抗生素治虫”等生物防治技术已广泛应用于无公害蔬菜生产。

（1）利用天敌　积极保护利用瓢虫等捕食性天敌和赤眼蜂等寄生性天敌防治害虫，是一种经济有效的生物防治途径。多种捕食性天敌（包括瓢虫、草蛉、蜘蛛、捕食螨等）对蚜虫、叶蝉等害虫起着重要的自然控制作用。寄生性天敌昆虫应用于蔬菜害虫防治的有丽蚜小蜂（防治温室白粉虱）和赤眼蜂（防治菜青虫、棉铃虫）等。

（2）利用细菌、病毒、抗生素等生物制剂　利用阿维菌素、农用链霉素、新植霉素等抗生素防治病虫害。如：苏云金杆菌制剂防治蔬菜害虫，阿维菌素防治小菜蛾、菜青虫、斑潜蝇等，核型多角体病毒、颗粒体病毒防治菜青虫、斜纹夜蛾、棉铃虫等，农用链霉素、新植霉素防治多种蔬菜的软腐病、角斑病等细菌性病害。

（3）利用昆虫生长调节剂和特异性农药　这一类农药并非直接“杀伤”害虫，而是干扰昆虫的生长发育和新陈代谢，使害虫缓慢死亡，并影响下一代繁殖。这类农药对人、畜毒性很低，对天敌影响小，环境相容性好。其中，已大量推广使用或正在推广的品种有除虫脲、氯氰脲、特氟脲、氟虫脲、丁醚脲、米螨、虫螨腈等。

（4）植物源杀虫剂　如鱼藤粉、苦参碱、苦楝素、烟碱等可防治多种蔬菜害虫。近年来，国内外还研究开发出了许多植物性农药制剂，如2.5％鱼藤酮乳油、0.2％苦参碱水剂等。

4．物理防治

物理防治是利用蔬菜病虫对温度、光谱、颜色、声音等的特异反应和忍耐能力，杀死或驱避有害生物的方法。它不污染环境，无副作用，并有某些独特的功效，因此在蔬菜生产中普遍应用。

（1）灯光诱杀　利用害虫对光的趋性，用白炽灯、高压汞灯、黑光灯、频振式杀虫灯等进行诱杀。在夏秋季害虫发生高峰期对蔬菜主要害虫能起到良好的诱杀作用。

（2）色板、色膜驱避和诱杀　在田间铺设或悬挂银灰色膜可驱避蚜虫。利用蚜虫、白粉虱、斑潜蝇等对黄色的趋性，在田间悬挂黄色捕虫板以粘住蚜虫、白粉虱、斑潜蝇等。从作物苗期和定植期开始使用，可以有效控制害虫的发生和蔓延。

（3）性诱剂诱杀　在害虫多发季节，每 667 平方米菜田排放水盆 3～4 个，盆内放水和少量洗衣粉或杀虫剂，水面上方 1～2 厘米处悬挂昆虫性诱剂诱芯，可诱杀大量前来寻偶交尾的昆虫。目前已商品化生产的有斜纹夜蛾、甜菜夜蛾、小菜蛾、小地老虎等的性诱剂诱芯。

（4）食物趋性诱杀　利用成虫补充营养的习性和对食物的优选趋性，在田间安置人工食源进行诱杀，也可种植蜜源植物进行诱杀。

（5）栖境诱杀　由于很多害虫都有昼伏夜出的习性，因此可以人为地在田间模拟设置害虫栖境进行诱杀。

（6）防虫网隔离技术　蔬菜防虫网是以防虫网构建的人工隔离屏障，将害虫拒之于网外，从而收到防虫保菜的效果。防虫网覆盖栽培，是农产品无公害生产的重要措施之一，对不用或少用化学农药，减少农药污染，生产出无农药残留、无污染、无公害的蔬菜具有重要意义。蔬菜覆盖防虫网后，基本上能免除菜青虫、小菜蛾、甘蓝夜蛾、甜菜夜蛾、斜纹夜蛾、烟粉虱、棉铃虫、豆野螟、瓜绢螟、黄曲条跳甲、猿叶虫、二十八星瓢虫、蚜虫和美洲斑潜蝇等害虫的为害，控制由于害虫的传播而导致的病毒病的发生，还可保护天敌，而且可以调节气温和地温、遮光调湿、防霜防冻、防暴雨、防冰雹和抗强风。

（7）高温闷棚　覆盖塑料薄膜、遮阳网和防虫网，进行避雨、遮阴、防虫隔离栽培，可减轻病虫害的发生。在夏秋季节，利用大棚闲置期，采取覆盖塑料棚膜密闭大棚，选晴日高温闷棚 5～7 天，使棚内最高气温达 60～70℃，可有效地杀灭棚内及土壤表层的病菌和病虫。

5. 化学防治

化学防治仍是目前防治病虫害重要而有效的手段。无公害蔬菜生产并非不使用化学农药，关键是如何科学合理地使用化学农药。在使用农药时，首先要了解所用农药的性质、施药环境和防治对象，掌握用药的最适时期，剂量要准确，施药要均匀、周到，特别注意喷施叶片背面，避免产生药害。例如，温室和塑料棚黄瓜在叶面形成水膜或结露时，如夜晚使用雄黄或硫磺熏蒸法防治白粉病，则黄瓜易出现药害或死苗，不应选用；同时要注意合理轮换用药，才能收到预期的防治效果。需要混配时，须按各种农药使用说明书上所允许的范围进行，并要注意人、畜安全。严格控制蔬菜的农药残留不超标和严格控制蔬菜的农药安全使用间隔期，是保证化学农药不超标的重要措施。

第三章　农药(械)的基础知识

在我国，经农药厂或农药研究所合成或提炼的杀虫剂、杀螨剂、杀菌剂、生长调节剂、除草剂和杀鼠剂等原药大约有300种，通过加工可制成不同剂型的制剂，登记注册的农药种类有2万多种，一药多名现象普遍，给使用者造成极大不便。由于不同品种及不同剂型的农药，在防治对象和使用方法上有很大区别，所以稍有疏忽，不仅达不到防治效果而且造成浪费，使用不当极易出现药害，还容易造成农药残留和环境污染，甚至造成人、畜中毒。所以，了解农药的种类和剂型，掌握施药原则和注意事项，认识农药理化特性，有针对性地选用农药就显得更为重要。

一、农药的种类

(1)按有效成分的来源分类　可分为矿物源农药(如石灰、硫磺、硫酸铜等)、植物源农药(如鱼藤粉、苦楝、烟碱等)、生物农药(如苏云金杆菌、赤眼蜂、抗菌素等)和化学合成农药四大类。

(2)按化学结构分类　分为有机磷、氨基甲酸酯、拟除虫菊酯类、有机硫化合物、酰胺类化合物、脲类化合物、醚类化合物、酚类化合物、苯甲酸类、三唑类、杂环类等。

(3)按防治对象分类　分为杀虫剂、杀螨剂、杀菌剂、杀鼠剂、杀线虫剂、除草剂和植物生长调节剂。

二、农药的剂型

经农药厂合成或提炼的未经加工的农药称之为原药，有固体的原粉和液体的原油。绝大多数原药必须经过加工才能使用，在原药中加入填充剂或辅助剂后经过加工便成为不同的农药剂型，一种原药可以加工成不同的剂型，加工成不同剂型的农药被称为农药制剂。

随着农药科技的发展，农药的剂型也在不断地改进，如用水替代有机溶剂的水基型农药：微乳剂、微胶囊剂、水分散粒剂、水悬剂等，由于少用或没有有机溶剂，所以减少药害和对环境的污染，这是农药的发展方向。下面简单介绍几种常用和新剂型农药的主要特性。

1. 粉剂（DP）

粉剂是由原药、填料（如黏土、高岭土、滑石、硅藻土等）和助剂混合后粉碎成一定细度而制成的，是专供喷粉用的剂型。该制剂的优点是可直接喷撒、工效高、不需要水，适合在保护地施用，可以降低棚室内的湿度，有利于病害的防治。粉剂主要用于喷粉、撒粉、拌毒土等，不能加水喷雾。另外，粉剂也可制成毒饵、毒土使用。

2. 可湿性粉剂（WP）

可湿性粉剂是由农药原药、填料和湿润剂混合加工而成。对该制剂的要求是应有好的湿润性和较高的悬浮率，悬浮率低往往引起药害，而悬浮率的高低与粉粒的细度、湿润剂种类等有关。

3. 乳油（EC）

乳油是由农药原药、溶剂和乳化剂组成，常用的溶剂有二甲苯、苯、甲苯等。乳化剂是降低不相溶的两种液体（如油和水）界面上的表面张力，使其中一种液体以细小液滴均匀分布在另一液体中，形成半透明或不透明的乳状液体。

4. 烟剂（FU）

烟剂是由农药原药、助燃剂（氧化剂，如硝酸钾）、燃料（如木屑粉）、消燃剂（如陶土）等制成的粉状物。农药有效成分因受热而气化，在空气中受冷又凝聚成固体微粒成烟，有的原药在常温下是液体，气化后在空气中凝结为液体微粒成雾状，因此也被称为烟雾剂。烟剂的优点是分散度高，以烟雾的形式充满保护的空间，并慢慢沉积在植物表面上，非常适合在保护地施用，可有效防治病虫害。

5. 颗粒剂（GR）

颗粒剂分为遇水解体型和不解体型两种，遇水解体型的载体有：陶土、硅藻土等；遇水不解体型的载体有：炉渣、沸石、锯末等。该制剂的特点是使用方便，施药可以定向；对天敌安全；有效成分释放缓慢；对植物安全；对环境污染比较小。

6. 悬浮剂（SC）

悬浮剂又称胶悬剂，是使不溶于水或微溶于水的固体原药与载体、分散剂、助剂，经超微粉碎后均匀分布在水中，形成细小的悬浮液。该制剂的特点是粒子小，使活性面积增大，提高药效；渗透性增强；展着性好；水为介质无有机溶剂，对作物安全；无粉尘。

7. 微乳剂（ME）

属水基化农药，有取代乳剂趋势的新剂型，没有有机溶剂或少量有机溶剂，因此对作物安全，环境污染小，对人、畜安全。该制剂的特点是粒子小，在 0.01～0.1 微米，外观近透明；附着力和穿透性好；稳定性好，药效高。

8. 水分散粒剂（WG）

在可湿性粉剂或悬浮剂中加入隔离剂等助剂，经再加工后形成的以水为介质的新剂型。该制剂的特点是使用方便、无粉尘飞扬，增加渗透性和附着力，节约成本、提高药效。

三、农药的毒性和残留

1. 农药的毒性

农药对高等动物的毒性，通常用大白鼠、小白鼠等动物，通过不同的给药途径和给药量来获得某种农药对某种动物的毒性评价。衡量或表示农药急性毒性程度，常用致死中量（LD_{50}）作为指标。所谓致死中量，就是杀死一半供试动物所需的药量，数量单位是急性经口和经皮的毫克/千克体重，即多少千克重的动物被杀死一半所需农药的毫克数。凡 LD_{50}数值大，表示所需药量多，农药的毒性低，反之则毒性高。我国农药急性毒性比较常见的分级标准见表 3-1。

表 3-1 我国农药急性毒性比较常用的分级标准

分 级	高 毒	中 毒	低 毒
大鼠经口 LD_{50}（毫克/千克）	＜50	50～500	＞500

从表 3-1 可以看出，低毒农药应是大鼠经口 LD_{50} 大于 500 毫克。农药的毒性的评价是比较复杂的问题，不仅要通过大白鼠致死药量的测定，还要通过慢性毒性、残留毒性和积累毒性等综合因素来评价该农药的毒性大小。有的农药（如杀虫脒）按上述标准测定毒性并不高，但慢性毒性却很突出，对人的潜在危害较大，因此被禁用。

2. 农药残留

是指农药施用后，在一定时期内没有被分解而残留于作物、土壤、水源、大气中的微量农药及其他有毒物质的总称。农药的残留毒性主要包括两方面的问题，一是指在使用农药的蔬菜上的农药残留；另一是指落入土壤、水源里的农药又被蔬菜或其他生物吸收、积累的残留问题。

蔬菜上的农药残留是普遍而突出的，由于在蔬菜病虫害防治上缺乏应有的科学使用农药知识，滥用农药或为了争取早上市而使用化学制剂、激素类物质催熟，有的违反施用农药安全期的规定，临近收获期用药，导致了蔬菜产品中农药残留量超出国家标准，造成人、畜中毒，甚至死亡。有些农药性质非常稳定，在土壤中不易被分解（如六六六等可在土壤里残存几十年），当将蔬菜种植在这样的土壤中时，残留在土壤里的农药，又被蔬菜吸收而使得蔬菜中农药残留量超标。因此，对土壤中的残留农药，应正确对待，予以重视。

农药残留是人们关心的问题，更是我国政府和主管部门十分关注的大问题。为了解决蔬菜农药残留问题，有关部门出台了许多法律法规，建立了种植、运输、销售等一系列完善的监测系统，对常用的农药残留制定了强制性标准，虽然尚不够完善，还未与国际接轨，但为让人们吃到“放心菜”提供了一定的保障。

目前，我国已经制定了与蔬菜有关的强制性国家标准 35 项，涉及农药残留指标 58 项，农药 52 种，名称如下：对硫磷、马拉硫磷、甲胺磷、甲拌磷、久效磷、氧化乐果、克百威、涕灭威、六六六、敌敌畏、DDT、乐果、杀螟硫磷、倍硫磷、辛硫磷、乙酰甲胺磷、二嗪磷、喹硫磷、敌百虫、亚胺硫磷、毒死蜱、抗蚜威、甲萘威、氯菊酯、溴氰菊酯、氯氰菊酯、氰戊菊酯、氟氰戊菊酯、顺式氰戊菊酯、联苯菊酯、三氟氯氰菊酯、顺式氯氰菊酯、甲氰菊酯、氟胺氰菊酯、三唑酮、多菌灵、百菌清、睡嗪酮、五氯硝基苯、除虫脲、灭幼脲、双甲脒、敌菌灵、异菌脲、代森锰锌、灭多威、克螨特、腐霉利、乙烯菌核利、甲霜灵、伏杀硫磷、2,4-D。其中有些农药已经明文规定被禁止在蔬菜上使用，如对硫磷、马拉硫磷、甲胺磷、甲拌磷、久效磷、氧化乐果、克百威、涕灭威、六六六、敌敌畏、DDT、乐果、杀螟硫磷、倍硫磷等，有些应严格控制使用。

3. 注意事项

解决蔬菜上的农药残留问题，应注意以下几个方面：

(1)严格控制农药使用范围　禁止在蔬菜上使用高毒、高残留的化学农药，如对硫磷、马拉硫磷、甲胺磷、甲拌磷、久效磷、氧化乐果、涕灭威、六六六、敌敌畏、DDT、乐果、克百威等。提倡使用生物农药和高效、低毒、低残留农药，如 Bt、苦参碱、卡死克、除尽、菜喜等。

(2)科学选择农药的剂型及用法　乳油农药在喷雾使用时残留较多，可选用粉剂、水剂、颗粒剂等剂型喷粉、拌种或撒施。保护地如大棚、温室蔬菜可用烟雾剂或粉剂防治病虫害。

(3)控制农药的用量与次数　施药量越大、药剂浓度越高、次数越多、施药间隔期越短，则农药残留也相应增加。在施用农药时，要严格按照产品说明书规定的方法施用，不能随意增加用药量和施用次数。

(4)采用低容量高压喷雾技术　利用该技术施药,不仅能降低蔬菜上的农药残留量,而且其防效、工效、农药利用率等方面比常规喷雾更明显。

(5)严格遵守安全间隔期　在采收前一定时间内,要停止使用任何化学农药,没有达到农药安全间隔期的蔬菜绝不能上市销售。

四、农药的配制和使用方法

1. 农药的配制

因使用农药不慎而造成人、畜中毒或造成药害等情况,除使用高毒农药或加大农药使用浓度外,常常是因为在配制农药时出现错误或疏忽所致。所以,掌握正确配制农药的方法就非常必要。农药除粉剂和烟剂外,一般都要经过稀释后才能施用。稀释前首先要准确称量,固体农药可用秤或天平量取,液体农药要用量筒或吸管量取,使用吸管时不可直接用嘴吸取,要用吸液球吸取,在量取液体农药时,量具要垂直,视线与液面平行。使用可湿性粉剂时,要先用少量水将药粉稀释,再用剩余的水补足。

造成农药使用浓度不准的另一个原因是对防治面积或空间计算的误差,一般对防治的面积或空间是估算出来的,有时误差非常大,结果造成施用浓度上的误差很大,因此对防治面积或空间的计算应尽可能的精确。

在病虫害化学农药防治中,经常使用的农药浓度有以下三种:

(1)稀释倍数　多数情况在包装袋上有明文规定,对不同的作物或防治不同的病虫害,使用不同的浓度,按照说明配制即可,千万不可随意加大浓度。

但有时只标明农药的有效成分的使用浓度或百分比,这就要经过计算才能配制。

(2)百万分浓度(毫克/千克)　表示 100 万份药液中含农药有效成分的份数,常用毫克/千克表示,即每千克(或 1 000 毫升)中含 1 毫克农药为 1 毫克/千克,含 10 毫克为 10 毫克/千克,依次类推,虽然毫克/千克浓度已经被废止，但经常会遇到。

例如：要配制 10 毫克/千克的赤霉素的药液，先称取 10 毫克赤霉素，经乙醇或白酒溶解后，加入 1 000 毫升水即成为 10 毫克/千克的赤霉素药液。

(3)标准化的农药使用浓度　应在说明书上注明单位面积上施用农药的有效成分(a_i)用量，在标签上主要标明每公顷(hm^2)或每 667 平方米(亩)使用农药有效成分(a_i)用量，常用克有效成分/公顷或克有效成分/667 平方米表示。

将单位面积上使用有效成分用量换算成商品制剂的换算方法如下。

例如：新买来的某种 50%的可湿性粉剂(或乳油)商品制剂，农药包装上标明有效成分用量为每 667 平方米(亩)100 克(或 100 毫升)。求得在 0.6 亩(400.2 平方米)大棚中的用药量应是多少？计算方法如下。

农药商品制剂用量(克或毫升)＝

$$\frac{667\text{ 平方米(亩)有效成分用量(克或毫升)}}{\text{制剂的有效成分含量(\%)}}\times\text{施药面积}$$

将其中每 667 平方米(亩)有效成分用量为 100 克；商品制剂的有效成分含量是 50%代入上述公式中即可求得 0.6 亩大棚中的用药量，即：

$$0.6\text{ 亩大棚中的用药量}=\frac{100\text{ 克}}{50\%}\times 0.6=120\text{ 克}$$

即按说明书每 667 平方米(亩)有效成分 100 克的用量，在 0.6 亩的大棚中使用 50%可湿性粉剂(或乳油)商品制剂的用药量是 120 克(或 120 毫升)。

如何再换算成稀释倍数呢?

稀释倍数＝每 667 平方米(亩)的常规药液用量(45 升，即 3 桶水)÷每 667 平方米(亩)商品制剂用量(120 克)＝375 倍；

注意：常规药液用量 45 千克，先换算成毫升即 45×1 000＝45 000 毫升，除以 120 克得出 375 倍，即稀释 375 倍。

2.农药的使用方法

农药使用的方法有喷雾、喷粉、种子处理、土壤处理、毒饵或毒土、烟雾、涂抹等。

(1)喷雾法 适用喷雾的剂型有可湿性粉剂、乳油、水剂、微胶囊剂、水分散粒剂、水乳剂等,按一定配比配制成药液再用喷雾器均匀喷洒成雾滴,这种方法适应面广、见效快,但在温室、大棚等保护地封闭空间里使用喷雾法明显增加湿度,并且安全性较差,应使用低容量或超低容量,效果更好。生产上应用的有以下几种。

①常量喷雾:每667平方米(亩)30千克以上;

②低容量喷雾:每667平方米(亩)0.5～30千克;

③超低容量喷雾:每667平方米(亩)0.5千克以下。

(2)喷粉法 利用喷粉器的风力将药粉吹到作物或从空中降落到作物表面,该法不用水,效率高,尤其适用于大棚、温室等保护地蔬菜。

(3)种子处理法 有拌种、浸种和闷种三种方法。

①拌种:按一定种子重量的比例称取农药(一般为种子重量的0.1%～0.3%)干拌或湿拌,干拌是将药粉或药液按需要量称取后,直接与种子拌匀;湿拌是先将种子用少量水喷湿后再加药粉拌匀。拌种时最好用拌种器,少量种子可用玻璃瓶或空矿泉水瓶等容器与种子充分拌均匀,至少摇动30次。

②浸种:按浸种用的浓度配制药液,药液量以浸没种子即可,可有效杀灭种子内外的病菌和害虫。

③闷种:按闷种用的药液浓度与种子拌匀后堆放一定时间再播种。

(4)土壤处理法 在防治地下害虫、土传病害以及蔬菜根结线虫病时常常采用土壤处理的方法。一般在选用药剂后按每平方米施药量计算,然后将药剂稀释一定倍数施入土壤并耙匀或将药剂配制成毒土再与土壤拌匀即可。

(5)毒谷(饵)法 常用半熟的谷子、炒香的麦麸和饼肥,或鲜草等饵料,与具有胃毒作用的农药按一定比例混合拌匀,然后撒于地面或播种沟(或穴)内的方法。主要用来防治地下害虫或鼠类的为害。杀鼠剂与鼠类喜欢吃的饵料拌匀制成毒饵,或使用毒鼠饵料,应将毒饵投放在鼠道边、鼠洞口或隐蔽的地方。

(6)烟雾法　使用烟雾剂或专用的烟雾机具将农药分散成烟雾状态,达到杀虫灭菌的目的。烟雾法非常适用于保护地日光温室中,在傍晚盖棚后,按大棚空间体积计算好用量,点燃烟雾剂即可,省工省事。因烟雾颗粒小,在空气中悬浮时间长,沉积均匀,所以防效比喷雾和喷粉效果要好。施药时,烟剂要布点均匀,用支架或砖块支离地面 20～30 厘米,从棚室由内而外点燃,注意要吹灭明火,使其正常发烟,点完后立刻密闭棚室和门窗过夜,次日清晨通风后方可农事操作。一般施药量为 0.3～0.4 克/平方米,隔 7～10 天施用 1 次,连续施用 2～3 次。烟剂可单独使用,也可与粉尘法、喷雾法交替使用。

(7)灌根法

将一定浓度的药液灌入植株根部,以达到防治病虫害的目的。使用的农药剂型可以是可湿性粉剂、乳油、悬浮剂等,按说明配成一定浓度的药液,装入喷雾器(将喷头去掉)或喷壶,向植株根部喷淋或浇灌。适宜防治地下害虫、根结线虫、枯萎病、黄萎病及根部病害,一般每株灌药液 0.25～0.5 升。使用时应在地下害虫初见或发病初期施用,为了提高防治效果,在灌根前要保证土壤有一定湿度,避免土壤太干而吸附大量药液,从而降低药效。

五、施药的原则和注意事项

1.“对症下药”

这是最基本的施药原则,没有“一药治百病”的万能药。现在农药发展的趋势是选择性越来越强,某一种农药针对某一种病虫或某一类病虫害,如三唑酮防治白粉病、锈病效果很好,而嘧霉胺则对灰霉病防效好等。所以,一定要在明确防治对象的基础上,选择最有效的农药品种和剂型,才能达到最好的防治效果。

2. 适时用药

在防治害虫时强调在幼虫三龄以前进行，防治病害时要在发病初期，即出现发病中心或点片发生时进行防治，才能达到预期效果，如果盲目施药，不仅达不到治病的目的，还会浪费人力、物力，甚至会产生药害。要做到适时用药，这就必须调查田间病虫的发生动态，即做好预测预报，准确掌握防治时机。适时用药，还要注意避免在强日光照射下喷施，这样会使农药因光解而降低药效，一般选择在早晨或傍晚，或在阴天时进行。

3. 选择高效、低毒、低残留的农药

剧毒或高毒农药已禁止在蔬菜上使用，严格遵守在蔬菜上的用药规定，特别要注意，在蔬菜收获前的时间，一般在收获前 5～7 天禁止用药。

4. 识别假农药和过期农药

要在正规农药经营部门去购买，查看包装上是否有“三证”号(农药登记号、农药生产许可证号或生产批准证书号、农药标准号)以及生产日期和保质期等。

5. 安全用药

在施药时应穿长袖衣服，配戴手套、帽子、风镜等防护衣具；防止农药中毒；施药期间不要进食、喝水或吸烟；避免在高温(30℃以上)天气、大风或雨前喷药；施药人员若有头痛、恶心、呕吐等感觉时，应立刻离开现场进行治疗。

六、抗药性

选用农药特别要注意抗药性方面的问题。由于蔬菜品种多、生长周期短、换茬快、病虫种类相应也多，加上施药频繁，病虫非常容易产生抗药性，少则 2～3 年，多则 3～5 年，原来防治效果非常好的药剂逐渐变得效果很差或根本无效了，其主要原因就是抗药性问题。抗药性的产生，主要是由于在同一地块，连续多年使用同一种或同一类药剂造成的。

在自然界中同一种害虫或同一种病原物的群体中，个体之间由于遗传上的差异，对农药的耐受力也不一样。耐受力小的害虫或病菌，接触一定剂量的药剂后就会死亡，而个别耐受力强的害虫或病菌，经过反复多次的选择，逐渐便产生了抵抗药剂的能力，并遗传到下一代，经历代的选择作用，便产生了抗药性。如果长年连续使用同一种农药并不断加大浓度以后，能使抗药性逐渐增强，所以施用农药时不要随意加大浓度，在一个生长季中，一般使用某一种农药不要超过2～3次，要与其他农药交替使用，要使用复配农药等措施，能提高防治效果。

在更换农药或使用复配农药时，还要注意另外一个问题，就是“交互抗性”的问题。例如，用溴氰菊酯防治蚜虫或烟粉虱等害虫时，有的地方已产生抗药性，但将溴氰菊酯换成氯氰菊酯或高效氯氰菊酯时效果还是不好，这就出现“交互抗性”的问题。所谓交互抗性，就是某一类化学结构相似、作用机制相同的农药，如对有机磷杀虫剂或菊酯类杀虫剂中的某一种药剂产生抗性后，对那一类农药中的其他未用过的药剂也会有抗性，即在同一类农药中的不同药剂之间有互相交叉的关系，这种抗性被称为“交互抗性”。在克服抗药性方面经常采用轮换用药或使用复配农药，但有时效果不理想，可能就是没有注意“交互抗性”问题。与“交互抗性”相反的是“负交互抗性”，即对某种农药产生抗性以后，对另外某种农药更加敏感，如：对多菌灵产生抗性以后的病菌，反而对乙霉威敏感；而对乙霉威产生抗性的病菌，对多菌灵也变得敏感，这两种抗性被称为“负交互抗性”。这两种杀菌剂复配以后的农药乙霉·多菌灵，在防治实践中在克服抗药性上起到了很好的效果。

七、杀虫剂

（一）有机磷杀虫剂

1. 敌百虫

该药剂具有胃毒、触杀作用，有渗透作用，但无内吸作用。低毒，适于防治菜青虫、甘蓝夜蛾、菜蛾等。

【使用方法】80%可湿性粉剂500倍液喷雾。

【注意事项】瓜类、豆类敏感；不能与碱性农药混配。

2. 辛硫磷

该药剂是高效、低毒的广谱杀虫剂，具有触杀和胃毒作用，击倒速度快。土壤处理时，药效达1～2个月。可防治烟青虫、斜纹夜蛾、小菜蛾、菜青虫、蚜虫以及蛴螬、蝼蛄、地老虎等地下害虫。

【使用方法】50%乳油2 000倍液喷雾；50%乳油500倍液拌种或制成毒饵防治地下害虫。

【注意事项】瓜类、菜豆敏感；见光易分解，应在傍晚施药。

(二)拟除虫菊酯类杀虫剂

1. 溴氰菊酯

该药剂是高效、广谱杀虫剂，击倒速度快，中等毒性。可防治菜青虫、小菜蛾、豆荚螟，但对螨类防效差。

【使用方法】10%乳油3 000倍液喷雾。

【注意事项】不能与碱性农药混用。

2. 联苯菊酯

该药剂具有触杀和胃毒作用，对害虫和螨类均有良好药效，击倒速度快。中等毒性。可防治鳞翅目害虫、斑潜蝇、白粉虱和螨类。

【使用方法】10%乳油3 000～5 000倍液喷雾。

【注意事项】对家蚕、蜜蜂和天敌有高毒，防止污染水源；不可与碱性农药混用。

3. 高效氯氰菊酯

该药剂具有胃毒和触杀作用，广谱、低毒。

【使用方法】5%乳油1 000倍液喷雾。

【注意事项】对鱼、蜜蜂有毒。

4. 高效氯氟氰菊酯

该药剂广谱、强力胃毒、触杀作用，击倒快，中等毒性。防治小菜蛾、斜纹夜蛾、菜青虫、蚜虫、螨类等害虫。

【使用方法】2.5%乳油 3 000～5 000 倍液喷雾；防治螨类用 2.5%乳油 2 000 倍液喷雾。

【注意事项】对鱼、蜜蜂、蚕及水生生物有剧毒，防止污染水源；不可与碱性农药混用。

(三)苯甲酰脲类杀虫剂

1. 定虫隆

该药剂具有胃毒和触杀作用，低毒。防治豆野螟、斜纹夜蛾、棉铃虫、小菜蛾、菜青虫等效果较好，但药效发挥比较慢，一般 3～5 天起效。药效可达 15 天，对作物安全，对天敌影响小。

【使用方法】5%乳油 2 000 倍液喷雾。

【注意事项】对家蚕高毒。

2. 噻嗪酮

该药剂具有触杀和胃毒作用，对白粉虱、叶蝉、介壳虫有高效，对小菜蛾、菜青虫等鳞翅目害虫无效，对天敌安全，药效发挥缓慢，施药 3～7 天见效，药效可达 30 天以上。

【使用方法】25%可湿性粉剂 1 500～2 000 倍液喷雾。

【注意事项】在白菜、萝卜上易产生药害；对鱼有毒。

(四)其他有机合成杀虫剂

1. 氟虫腈

该药剂以胃毒和触杀作用为主，具有一定内吸作用，属神经毒剂，中等毒性。制剂有 5%氟虫腈悬浮剂、0.3%锐劲特颗粒剂、5%和 25%氟虫腈悬浮种衣剂、0.4%氟虫腈超低量喷雾剂。防治对象为小菜蛾、斜纹夜蛾、甜菜夜蛾、蚜虫、飞虱、叶蝉、地下害虫等。

【使用方法】5%悬浮剂 2 000～2 500 倍液喷施。

【注意事项】对鱼类、蜜蜂高毒。

2. 吡虫啉

该药剂具有胃毒和触杀作用,持效期可达 20 天。杀虫机制是干扰昆虫的运动神经系统,与传统杀虫剂作用机制不同,因此对有机磷、拟除虫菊酯类等杀虫剂产生抗药性的害虫有较好的防治效果。该药剂低毒环保,对人、畜以及天敌安全。可防治蚜虫、叶蝉、蓟马、白粉虱、潜叶蝇等害虫。

【使用方法】10%可湿性粉剂 1 500~2 000 倍液喷雾。

【注意事项】对家蚕有毒;不宜在强光下施药,在傍晚喷药效果好。

3. 虫酰肼

该药剂杀虫机制独特,可促使鳞翅目幼虫蜕皮,造成幼虫脱水死亡,对高龄幼虫同样有效。低毒,对作物安全。可防治鳞翅目害虫,如棉铃虫、斜纹夜蛾、小菜蛾等。

【使用方法】24%悬浮剂 1 200~2 400 倍液喷雾。

【注意事项】对鱼有毒,严防对水源的污染;对蚕高毒。

4. 噻虫嗪

属第二代烟碱类内吸杀虫剂,具有胃毒和触杀作用。作用机制同乙酰胆碱,刺激神经受体蛋白,使昆虫过度兴奋而致死。无交互抗性,药效达 1 个月,低毒。

【使用方法】25%阿克泰水分散粒剂 3 000~4 000 倍液喷雾。可用于灌根。

【注意事项】施药后害虫 2~3 天才死亡;不可随意加大用量。

5. 氟铃脲

属昆虫生长调节剂类农药,抑制几丁质的合成,使害虫在蜕皮或变态过程中死亡。能导致成虫不育,并有较强的杀卵作用。具有高效、广谱、低毒、对天敌安全等特点,但对蚜、螨等无效。

【使用方法】5%氟铃脲乳油 1 000~2 000 倍液或 20%氟铃脲悬浮剂 8 000~10 000 倍液,药效可维持 20 天以上。

【注意事项】该药剂无内吸性和渗透性,使用时要求喷药均匀周到；在田间虫螨并发时，应混合施用杀螨剂；严禁在鱼塘等地及附近使用；防治叶面害虫宜在低龄（1～2龄）幼虫盛发期施药，防治钻蛀性害虫宜在卵孵盛期施药。

6. 灭蝇胺

属昆虫生长调节剂类农药，是防治斑潜蝇的特效药剂。具有强内吸作用，对双翅目昆虫（如潜蝇、瘿蚊、食蚜蝇、根蛆等）的卵及幼虫有较强生物活性，可使幼虫在形态上发生畸变，不能正常化蛹。该药剂具有高效、低毒、持效期长，无残留，对天敌、人、畜安全等特点。

【使用方法】50%灭蝇胺可溶性粉剂，稀释2 000～3 000倍液喷雾。

【注意事项】美洲斑潜蝇的防治适期以低龄幼虫始发期为好。如果卵孵不整齐，用药时间可适当提前，7～10天后再次喷药，喷药务必均匀周到；本品不能与强酸性物质混合使用；使用时注意防护，施药后及时用肥皂洗手、脸部；贮存于阴凉、干燥、避光处。

7. 灭幼脲

属昆虫生长调节剂类农药，具有胃毒作用，施药3～5天后见效，第7天为死亡高峰。低毒，对蜜蜂无害，不污染环境。主要防治鳞翅目害虫，如小菜蛾、菜青虫、甜菜夜蛾等，对蚊、蝇类也有效，灌根可防治韭蛆。

【使用方法】25%灭幼脲悬浮剂2 000～2 500倍液喷雾。

【注意事项】不能与碱性农药混用。

8. 溴虫腈

该药剂是新型吡咯类化合物，作用于昆虫体内细胞的线粒体上，通过昆虫体内的多功能氧化酶起作用，主要抑制二磷酸腺苷（ADP）向三磷酸腺苷（ATP）的转化。而三磷酸腺苷贮存细胞维持其生命功能所必须的能量。该药具有胃毒及触杀作用。叶面渗透性强，有一定的内吸作用，且具有低毒、杀虫谱广、防效高、持效长、安全等特点。可防治小菜蛾、菜青虫、甜菜夜蛾、斜纹夜蛾、菜螟、菜蚜、斑潜蝇、蓟马等多种蔬菜害虫。

【使用方法】10%悬浮剂 1 500～2 000 倍液喷施,间隔 10 天左右。

【注意事项】每茬蔬菜最多只允许使用 2 次,以免产生抗药性;在十字花科蔬菜上的安全间隔期暂定为 14 天;对鱼有毒,不要将药液直接洒到水源处。

(五)生物杀虫剂

1. 苏云金杆菌(Bt)

属细菌杀虫剂。因产生毒素,造成昆虫麻痹,停止进食产生败血症。作用缓慢。可防治棉铃虫、小菜蛾、菜青虫、蚜虫等害虫。

【使用方法】Bt 乳剂(100 亿孢子)1 000 倍液喷雾。

【注意事项】不能与杀菌剂混用;对蚕毒性大;强光易失效,傍晚施药效果好。

2. 阿维菌素

属抗生素类杀虫杀螨剂,胃毒兼触杀,干扰昆虫正常的神经传导,与常用的杀虫剂无交互抗性。无内吸作用,但在植物叶片有较强的渗透性。在土壤中易被微生物降解,无残留毒性积累。对天敌安全。可防治菜青虫、小菜蛾、蚜虫和螨类。

【使用方法】1.8%乳油 3 000 倍液喷雾。

【注意事项】蚕、蜜蜂、鱼敏感。

3. 甲氨基阿维菌素苯甲酸盐

是广谱、高效、杀螨剂,是阿维菌素改进的产物,与阿维菌素作用机制相同,但毒性低,对天敌和人、畜安全,是替代高毒农药的理想产品。防治夜蛾类害虫(如棉铃虫、菜青虫、小菜蛾、斜纹夜蛾和螨类)效果较好。

【使用方法】使用剂量为每 667 平方米 0.5～1.6 克。

【注意事项】对蜜蜂、鱼高毒,避免污染水源。

(六)植物源杀虫剂

是从具有杀虫活性成分的植物中提取并制成的杀虫剂。由于植物杀虫剂易分解，对农产品、食品和生态环境无污染，越来越受到人们的重视。

1. 鱼藤酮

从豆科多年生藤本植物根部提取制成。具有触杀和胃毒作用，杀虫活性高，抑制昆虫的神经系统和呼吸作用。残效期短，对作物安全。

【使用方法】2.5%乳油500倍液喷雾，或每667平方米用4%粉剂500克拌草木灰3～5千克撒施。

【注意事项】对鱼剧毒，严防污染水源；不可用热水配制鱼藤粉；不能与碱性农药混用。

2. 苦参碱

是从苦参的根、茎叶和果实中提取制成，有效成分是苦参碱。该制剂具有触杀和胃毒作用，属广谱性杀虫剂。对人、畜安全。可防治菜青虫、蚜虫和螨类。

【使用方法】0.36%苦参碱水剂300～500倍液喷雾。

【注意事项】速效性差，避免在高温和强光下存放，严禁与碱性农药混用。

3. 楝素

从楝树种子中提取制成。具有触杀、胃毒和拒食作用。毒性为低毒，对天敌和人、畜安全，对害虫活性高，不易产生抗药性，无残留和环境污染。可防治菜青虫、小菜蛾、斜纹夜蛾、烟粉虱、斑潜蝇等害虫。

【使用方法】0.5%乳油1 000倍液喷雾。

【注意事项】不能与碱性农药混用；作用缓慢；可加入中性洗衣粉增加展着性。

(七)杀螨剂

杀螨剂是指专杀螨类的杀虫剂，兼有杀螨作用的杀虫剂称为杀虫、杀螨剂。由于害螨繁殖能力强，数量大，且容易产生抗药性。所以，选用杀螨剂时要选用对成螨、若螨和卵各虫态同时起作用的杀螨剂,并应在害螨发生初期使用,杀螨机制不同的杀螨剂应轮换使用或混合使用。

1. 克螨特

属有机硫杀螨剂。具有触杀和胃毒作用,残效期长,对幼螨、若螨和成螨效果好,但对卵的防治效果差。防治茄果类、豆类、瓜类叶螨和茶黄螨。

【使用方法】防治叶螨和茶黄螨用73%乳油2 000～3 000倍液喷雾。

【注意事项】在高温、高湿条件下使用对幼苗和新梢容易产生药害;低于20℃使用药效差。

2. 哒螨酮

该药剂以触杀为主,对成螨、幼螨、若螨和卵都有效,对叶螨有特效。速效性好,持效期可达2个月,对天敌和作物安全。防治蔬菜叶螨。

【使用方法】15%乳油或20%可湿性粉剂3 000～4 000倍液喷雾。

【注意事项】对鱼、蜜蜂和家蚕有毒;不可与碱性农药混用。

3. 四螨嗪

具有触杀作用,对卵效果好,对成螨效果差,持效期可达60天,药效发挥较慢,施药后2～3周才达最高杀螨活性。低毒,对天敌、鸟、鱼、蜜蜂及人、畜安全。防治多种害螨。

【使用方法】在卵孵化始期用20%悬浮剂2 000倍液,或50%悬浮剂5 000倍液喷雾。

【注意事项】不可与碱性农药混用;与噻螨酮有交互抗性,不可与其交替使用。

4. 噻螨酮

具有触杀、胃毒作用,无内吸作用,低毒,杀若虫和卵,对成虫无效,药效达50天。

【使用方法】5%乳油1 500～2 000倍液喷雾。

【注意事项】与四螨嗪有交互抗性，不可与其交替使用。

(八)杀菌剂

1.有机合成杀菌剂

(1)代森锰锌

属广谱保护性杀菌剂，可与内吸杀菌剂混配延缓抗药性产生。防治黄瓜霜霉病、番茄晚疫病、早疫病、炭疽病等。

【使用方法】80%可湿性粉剂 400～600 倍液喷雾。

【注意事项】不可与碱性农药混用。

(2)百菌清

属广谱保护性杀菌剂，兼有治疗和熏蒸作用，残效期长。毒性为低毒。可防治瓜类霜霉病、炭疽病、白粉病、黑星病、番茄早疫病、晚疫病、灰霉病、叶霉病等。

【使用方法】75%可湿性粉剂 500～800 倍液喷雾。

【注意事项】安全施药间隔期为 7 天以上；对鱼有毒。

(3)多菌灵

属广谱内吸杀菌剂，具有保护和治疗作用；残效期长；毒性为低毒。

【使用方法】50%可湿性粉剂 750～1 000 倍液喷雾；50%可湿性粉剂拌种，药量为种子重量的 0.3%～0.5%。

(4)腐霉利

具有保护和治疗作用，防治在低温高湿条件下发生的灰霉病、菌核病。防治已经对甲基硫菌灵和多菌灵有抗性的病菌效果较好。可用于防治蔬菜贮藏期病害。

【使用方法】50%可湿性粉剂 1 000～2 000 倍液喷雾。

【注意事项】不可与碱性农药混用；在高温条件下对蔬菜幼苗易产生药害。

(5)甲霜灵

具有保护和内吸治疗作用的杀菌剂，可被植物的根、茎、叶吸收，在植物体内具有双向传导性能。防治霜霉病、疫病等高效。毒性为低毒。

【使用方法】25%可湿性粉剂 1 000～1 500 倍液喷雾;用 35%拌种剂拌种,药量为种子重量的 0.3%。

【注意事项】不可与碱性农药混用;提倡与其他杀菌剂交替使用,以免产生抗药性。

(6)异菌脲

异菌脲是一种类广谱性杀菌剂,可抑制真菌菌丝体生长和孢子产生。主要防治灰霉病、炭疽病、早疫病等多种真菌病害,具有保护和一定的治疗作用。对人、畜低毒,对蜜蜂、鸟类和天敌安全。异菌脲对真菌的作用点较为专化,病菌易产生抗药性,用药次数不宜过多,应及时更换用药品种或与其他药剂交替使用。

【使用方法】50%可湿性粉剂 1 000～1 500 倍液喷施。

【注意事项】不能与碱性农药混用;该药无内吸性,喷药要均匀全面。要注意与其他杀菌剂交替使用,但不能与速克灵、农利灵等性能相似的药剂混用或交替用药。

(7)嘧霉胺

具有保护和内吸治疗作用,作用机制与常规杀菌剂不同,可抑制病菌的侵染酶而阻止病菌的侵入并杀死病菌,尤其用于已经产生抗药性的灰霉病效果明显;内吸传导可达到全株各处。低温下使用不影响效果。主要防治灰霉病。

【使用方法】40%可湿性粉剂 800～1 200 倍液喷雾。

【注意事项】避免在高温(28℃以上)下施药。

(8)恶霉灵

具有内吸治疗作用,可防治多种土传真菌病害,如立枯病、猝倒病、黄萎病、枯萎病等。施入土壤作土壤消毒剂有增效作用并能促进发出新根。

【使用方法】95%原粉按种子重量的 0.1%拌种,或按 1 克/平方米药量做苗床土消毒;发病初期可用 95%原粉 3 000 倍液,在根基部喷淋或灌根。

【注意事项】拌种后直接播种不可闷种;不能直接用于喷雾,对幼芽和嫩梢有伤害。

(9)氯溴异氰脲酸

属广谱、高效、与环境相容型杀菌剂，是一种酸性强氧化剂，喷施在作物上释放出次氯酸和次溴酸，起到“消毒剂”式的快速杀菌作用，能有效防治细菌、真菌和病毒病害。主要防治细菌性角斑病、细菌性软腐病、炭疽病、早疫病、叶霉病以及辣椒病毒病等。

【使用方法】50%可湿性粉剂 600～800 倍液喷雾或 400～600 倍液浸种。

【注意事项】不可将药粉直接倒入稀释的乳剂中；不可与碱性农药混用。

(10)苯醚甲环唑

属广谱、高效、内吸性强的杀菌剂，具有保护和治疗作用，属三唑类杀菌剂。主要防治对象是子囊菌、担子菌和半知菌引起的黑星病、早疫病、炭疽病、白粉病、锈病等。

【使用方法】25%苯醚甲环唑乳油 5 000～8 000 倍液喷雾。

【注意事项】不可与碱性农药混用。

(11)嘧菌酯

该药属甲氧基丙烯酸酯类杀菌剂，是按天然蘑菇抗菌素模板仿生合成的广谱、安全、环保杀菌剂。防治对象为霜霉病、疫病、炭疽病、菌核病、根腐病、猝倒病等，对所有真菌病害均有效。作用机制是抑制病菌呼吸，破坏能量合成而致死。

【使用方法】25%悬浮剂 1 500 倍液喷雾。

【注意事项】一个生长季使用 2～3 次，以免产生抗药性。

(12)烯酰·锰锌(烯酰吗啉＋代森锰锌)

烯酰吗啉是专一杀鞭毛菌亚门卵菌纲真菌的杀菌剂，其作用特点是破坏细胞壁的形成，对卵菌生活史的各个阶段都有作用，在孢子囊梗和卵孢子的形成阶段尤为敏感，在极低浓度下即受到抑制。与甲霜灵等苯基酰胺类药剂无交互抗性，加入代森锰锌可缓解对烯酰吗啉抗性的产生，并可扩大防治病害的范围。

【使用方法】69%可湿性粉剂 800～1 000 倍液喷施。

【注意事项】一个生长季使用 2～3 次,以免产生抗性。

(13)咯菌腈

抑制菌丝生长,最终导致病菌死亡。其独特的作用机制,与其他已知的杀菌剂没有交互抗性。

【使用方法】在茄果类花期,每 2～3 升水中加入 10 毫升 2.5%适乐时悬浮剂混合均匀,用毛笔涂抹花柄或用药液蘸花。

(14)二硫氰基甲烷

具有高效杀线虫、杀菌活性,作用机制是抑制线虫和病菌的呼吸作用,主要用于土壤消毒、种子消毒。

【使用方法】

土壤消毒:每平方米用 1.5%二硫氰基甲烷 0.3～0.5 克,对水 3 500～7 000 倍或细土 200～500 倍均匀喷洒或撒在土面上,用薄膜覆盖 48～72 小时后播种;对细土后可直接将药土撒在播种沟内,然后用净土覆盖。

营养土消毒:每立方米用 0.5～1 克,充分拌匀,用薄膜覆盖 48～72 小时。

【注意事项】使用药剂时要注意防护;不可与碱性农药混用。

2. 矿物源杀菌剂

(1)硫磺

原药为黄色粉末,不溶于水,属矿物源杀菌剂,主要用于防治白粉病和螨类。

【使用方法】50%悬浮剂 200～400 倍液喷雾。

【注意事项】不能与含硫酸铜等金属类农药混用。

(2)石硫合剂

以硫磺粉和石灰加水熬制而成,原液的有效成分是多硫化钙和硫代硫酸钙,呈强碱性,对皮肤和金属有腐蚀性,有渗透和侵蚀昆虫表皮蜡质层的作用,因此对有较厚蜡质层的介壳虫和害螨的卵防效较好。主要用于防治白粉病及螨类。

【熬制方法】生石灰 1 份,硫磺粉 2 份,水 15～20 份。首先将生石灰用热水化开,加热煮沸,然后把硫磺粉调成糊状,慢慢倒入石灰乳中，迅速搅拌，继续加热40～60分钟，待药液变成红褐色即停火，冷却后滤去渣子便成石硫合剂原液。在熬制过程中要随时加开水补充蒸发的水分。

使用前一定要用波美比重计测量原液的波美比重——波美度，按下列公式求得的重量倍数稀释：

$$加水稀释倍数（重量）=\frac{原液波美度}{需要稀释的波美度}$$

【使用方法】防治瓜类白粉病及叶螨可用0.1～0.2波美度液喷雾。

【注意事项】不能用金属器具贮存；最好密封保存或在液面上加柴油防止氧化；高温30℃以上和低温4℃以下不宜使用；对皮肤有腐蚀作用，避免溅到皮肤上。

（3）波尔多液

波尔多液由硫酸铜、生石灰和水配制成的天蓝色稠状悬浮液。对金属有腐蚀作用，对人、畜无毒。波尔多液能附着在植物表面形成保护膜，不易被雨水冲刷。波尔多液是一种广谱、保护性杀菌剂，对真菌引起的霜霉病、绵疫病、炭疽病、猝倒病等防治效果较好，并兼有防治细菌病害的作用，且不易产生抗药性。

【配制方法】生石灰与硫酸铜的配比应随作物、防治对象和气温的不同而采用不同配比，一般把生石灰与硫酸铜按1∶1的配比称等量式，而生石灰与硫酸铜的配比为0.5∶1称半量式（表3-2）。

表3-2　波尔多液配比表

原　料	1%等量式	1%半量式	0.5%倍量式
硫酸铜	1	1	0.5
生石灰	1	0.5	1
水	100	100	100

选用块状生石灰（熟石灰粉不能用）和蓝色块状结晶硫酸铜。等量式配制方法：用2个水桶，一桶加水45升，加0.5千克硫酸铜配成硫酸铜溶液；另一桶加水5升，加0.5千克生石灰配成石灰乳，

然后将硫酸铜溶液慢慢倒入石灰乳中，并不断搅拌即可配成波尔多液。

【使用方法】防治黄瓜霜霉病于结瓜前用 1∶1∶400 配比，结瓜后用 1∶0.5∶250 配比；防治番茄晚疫病、早疫病、叶霉病、茄子绵疫病、辣椒炭疽病、菜豆锈病用 1∶0.5∶250 配比；应在发病前喷药保护，隔 7 天喷 1 次。

【注意事项】现用现配，不能贮存，久置易产生沉淀，降低药效且易发生药害；该药剂不能与石硫合剂及酸性农药混用，喷过波尔多液的作物在 15 天以内不能喷石硫合剂，以防产生药害。

3. 生物农药

(1)多抗霉素

属广谱内吸性杀菌剂，作用机制是干扰病原菌细胞壁几丁质的合成，使其失去致病力，达到防治病害的目的。该药剂低毒，对环境安全。可用于防治黄瓜霜霉病、白粉病、番茄灰霉病等。

【使用方法】10%可湿性粉剂 500～1 000 倍液喷雾。

【注意事项】不可与碱性农药混用。

(2)农抗 120

属广谱杀菌剂，作用机制是阻碍病原菌蛋白质合成，导致病原菌死亡。该药剂环保低毒，对环境安全。主要用于防治蔬菜白粉病、炭疽病、瓜类枯萎病等。

【使用方法】2%水剂 200 倍液喷雾防治白粉病、炭疽病；瓜类枯萎病发病初期用 2%水剂 100 倍液灌根，每株灌药液 500 毫升，隔 5 天 1 次，连续 3～4 次。

【注意事项】不可与碱性农药混用。

(3)春雷霉素

春雷霉素是一种放线菌产生的代谢产物，属抗菌素类杀菌剂。毒性很低，对人、畜、鱼类和害虫天敌以及农作物都非常安全。无残留、无污染，特别适合于生产无公害蔬菜、绿色食品时使用。该药剂渗透性强，并能在植物体内移行，具有优异的内吸治疗作用，因此喷药后见效快，耐雨水冲刷，持效期长。对细菌和真菌引起的多种蔬菜病害具有理想的防治效果。可用于防治番茄叶霉病、黄瓜细菌性角斑病等。

【使用方法】用2%春雷霉素液300～500倍液发病初期喷第一次药，以后每隔7天喷药1次，连续喷3次。

(4)春雷·王铜(春雷霉素+王铜)

由春雷霉素和王铜两种有效成分复配而成，春雷霉素为内吸性杀菌剂，主要是干扰氨基酸代谢的酯酶系统，进而影响蛋白质合成，抑制菌丝伸长和造成细胞颗粒化；王铜则是无机铜保护性杀菌剂，在一定湿度条件下释放出铜离子能起到杀菌防病作用。

该可湿性粉剂是一种具有保护作用和治疗作用的杀菌剂，对果树、蔬菜的真菌病害(如叶霉病、炭疽病、白粉病、早疫病、霜霉病)以及细菌引起的角斑病、软腐病、溃疡病等常见病害具有优良的防治效果。

【使用方法】47%春雷·王铜可湿性粉剂800～1 000倍液喷雾。

【注意事项】不要把药液喷在藕、白菜、马铃薯上；不要在黄瓜幼苗期和高温时喷药。番茄、黄瓜、西瓜、辣椒于收获前1天，洋葱、甘蓝、丝瓜、苦瓜、莴苣于收获前5～7天，花椰菜于收获前21天停止使用。春雷·王铜对金属容器有腐蚀性。

(九)杀线虫剂

1.威百亩

属杀线虫、杀菌、治虫和除草等作用的广谱性熏蒸剂，主要用于防治蔬菜根结线虫、番茄枯萎病、茄子黄萎病等。

【使用方法】35%液剂每667平方米用3～4千克，对水300～400升，将药液施入15～20厘米的沟中，覆土踏实于15天后翻耕透风，然后播种或移栽。

【注意事项】配药时不可用金属器具，以免腐蚀；施药15天后才能播种或移栽。

2.氯唑磷

属高效、广谱、中等毒性的有机磷杀虫、杀线虫剂。具有触杀、胃毒和内吸作用，主要用于防治线虫和地下害虫。

【使用方法】3%氯唑磷颗粒剂，每667平方米4～6千克，与土壤充分混合。

【注意事项】只能单独使用，避免与种子直接接触。

3.噻唑磷

属非熏蒸型的高效、低毒、低残留的环保型杀线虫剂，是一种内吸传导型杀线虫剂。

【使用方法】全面土壤混合施药，也可畦面施药及开沟施药。在作物定植前(定植当天)，10%颗粒剂按1～2千克/667平方米的用量，将药剂均匀撒于土壤表面，再用旋耕机或手工工具将药剂和土壤充分混合。药剂和土壤混合深度需20厘米。

【注意事项】超量使用或土壤水分过多时容易引起药害；对蚕有毒性，注意不要将药液飞散到桑园。施药时，要穿戴作业服，施药后要立即清洗并换下工作服。如误食引起中毒，可用阿托品作为解毒剂。

第四章　蔬菜苗期病虫害及防治

一、苗期侵染性病害

苗期病害可为害各类蔬菜，如果管理不当，常引起烂种或死苗。苗期常发生的侵染性病害有猝倒病、立枯病和灰霉病。猝倒病多发生在幼苗期；立枯病虽然整个苗期都可以发生，但一般多发生在育苗的中后期；灰霉病是近几年随保护地蔬菜生产的发展而发展起来的病害，能够导致茎、叶腐烂。

(一)猝倒病

俗称"绵腐病"、"卡脖子"、"小脚瘟"。

【症状】各地冬春季育苗苗床上最常见的病害。主要为害未出土的种芽或刚出土的幼苗。幼苗子叶期或真叶完全展开之前为感病阶段。出土前发生，导致烂种。苗期发病，最初在幼苗茎基部或幼茎顶端呈水渍状，以后呈黄褐色污斑，如触及病部，表皮极易破烂。病情发展快，幼苗迅速倒伏，紧贴于地面，短期内叶片仍呈绿色。随着病情的发展，发病部位逐渐变细，缢缩如线状，导致子叶下垂，出现"卡脖子"现象。条件适宜时，苗床上由点片发生，逐渐向四周蔓延，造成幼苗成片猝倒。湿度大时，病部及其附近的地表长出白色绵毛状物。猝倒病菌还能侵染靠近地面的果实。发病初期，病部呈水渍状斑块，迅速扩大成黄褐色或黄色大斑。病健部分界限明显，病部密生绵毛状物，致使瓜果迅速腐烂。

(二)立枯病

俗称"死苗"、"霉根"。

【症状】主要为害幼苗，严重的也可造成烂种。幼苗被害，茎基部一侧产生椭圆形、褐色或黄褐色病斑。最初病苗中午萎蔫，早晚恢复正常。随着病情的发展，病斑逐渐凹陷，当病斑绕茎一周时，幼茎逐渐干缩(即病部缢缩),最后病苗干枯死亡,仍可直立于苗床上,但病重时易倒伏。病苗易拔起,根留在土中,断面可见蜘蛛网丝状的霉,末端常带有土颗粒。大苗或成株受害,茎基部呈溃疡状,地上部变黄、衰弱、萎蔫以致死亡。

(三)灰霉病

【症状】主要发生在早春苗床上,为害程度与天气及苗床管理水平有关。轻者局部死苗,重者可造成整个棚毁苗。病菌多从幼苗子叶、下部真叶及结露的叶片边缘开始侵染。子叶感病,开始褪绿发黄,逐渐变褐坏死,以至腐烂,表面生有灰色霉层。真叶染病多始自叶尖,病斑呈"V"字形,浅褐色,有轮纹,以后干枯,表面有灰霉即病菌的分生孢子及分生孢子梗。幼茎多从叶柄基部或有水滴的部位开始发病,呈不规则水渍斑,后呈灰白色或褐色,变软、腐烂,易倒折,病部产生灰霉,严重时引起病部以上枯死。

【发病规律】猝倒病、立枯病、灰霉病的病原菌能够在土壤中或病残体上越冬,腐生性较强,在土壤中的病残体上或腐殖质上能长期存活。病菌主要靠风雨、流水、带病菌的粪肥及农事操作等传播。条件适宜时,病菌重复侵染,造成病害的不断扩展蔓延。病菌生长要求高湿度,而床土湿度过大,不利于幼苗生长。春季低温期苗床保温不好,床土温度低,幼苗生长缓慢而衰弱,容易发病。所以,育苗时,遇有寒流、连阴天或下雪,温度偏低,光照不足,不能及时通风透光,致使苗病加重。另外,如用旧床土育苗又未消毒,瓜果类蔬菜连作,造成病菌积累,管理粗放,均容易诱发苗病。

【防治方法】苗期病害的防治重点在于加强苗床管理,结合药剂防治。

(1)加强苗床管理 苗床土最好取粮田土,如果用旧床土或菜园土,需要消毒。育苗前,将床土充分翻晒,均匀施足有机肥料;浇足底墒水;合理密植,播种均匀;浇水适中,防止床土过湿。在严寒和早春进行温室育苗,须做好保温工作,防止低温和冷风袭击,避免幼苗受冷害,并注意经常通风换气,促使植株生长健壮,增强抗病力。有条件的采用地热线育苗,保持与控制苗床温度在12～16℃。

(2)土壤消毒　旧床土或有菌土壤充分翻晒后,用药剂消毒。①播前2～3周进行福尔马林熏蒸。先将床土耙松,按每平方米用50毫升甲醛加水5～10升,均匀浇于床土上,覆膜3～5天。去膜后,将土耙松(隔1天翻1次,翻2～3次)翻晒2周左右,药液挥发后再播种。②配药土。每平方米用药剂8～10克加半干过筛细土4～5千克拌匀。可用40%五氯硝基苯粉剂9克加50%拌种双7克混匀,或25%甲霜灵可湿性粉剂9克加70%代森锰锌1克混匀,或70%五氯硝基苯加50%福美双或65%代森锌(1：1)8～10克混匀;50%多菌灵可湿性粉剂或70%甲基硫菌灵可湿性粉剂或40%拌种双或40%拌种灵8～10克混匀。用约1/3药土撒在畦面上,随即播种,播后再将剩余的2/3药土均匀覆盖在种子上。以后的管理应注意不让土壤过于干燥,以免发生药害。

(3)种子处理　播前要进行种子处理,用50℃温水浸15分钟,然后放于冷水中冷却,冷却后晾干,再进行播种或催芽播种。也可用50%多菌灵可湿性粉剂或50%福美双可湿性粉剂,按种子重量的0.2%～0.3%药量拌种。

(4)药剂防治　一旦发现病苗,须将零星病株及其周围土壤移出苗床。如果苗床土壤太湿,则需撒草木灰或干细土降湿,浇灌或喷洒400倍液铜氨合剂,7～10天后再喷1次,可防止病情蔓延。发病初期可喷洒75%百菌清可湿性粉剂600倍液,或40%三乙膦酸铝可湿性粉剂300倍液,或25%甲霜灵可湿性粉剂800倍液,或64%噁霜·锰锌可湿性粉剂500倍液,或58%瑞毒锰锌可湿性粉剂500倍液,或72%霜脲氰·代森锰锌可湿性粉剂600～850倍液,或72.2%霜霉威水剂400倍液。防治灰霉病可使用50%腐霉利可湿性粉剂,或50%异菌脲可湿性粉剂,或65%抗霉威可湿性粉剂,或45%特克多悬浮剂,或2%BO-10水剂及多氧霉素等药剂。

二、苗期生理病害

(一)菜苗沤根

【为害诊断】沤根为生理病害,是因低温潮湿引起的,可为害瓜类、茄果类、豆科、葱蒜类及根类蔬菜等。蔬菜苗期遇到连阴雨天气或浇水过多，造成土壤水分过大，土温低，幼苗根系的呼吸作用弱，吸水力降低，易发生沤根，不发新根，根皮变黄褐色，最后腐烂。沤根苗在茎基部和根部不产生病斑，也不长霉状物，容易拔出，没有根毛，主根和须根腐烂。严重时，可造成幼苗成片枯死。

【发病原因】该病系育苗期间幼苗遇到不适宜的气候条件所引起，尤其是土壤温、湿度对幼苗生长关系甚大。长时间的阴雨或雪天，使苗床不能及时通风透光，光照不足，床温低于 15℃，且持续时间较长，床土过湿，根部缺氧，均会导致幼苗不发新根，诱发病害。

【防治方法】①苗床要平整，不积水，浇水时严防大水漫灌。②加强苗床管理，尤其要加强苗床温、湿度的管理，避免低温高湿。准确掌握通风时间及通风量，控制苗床温度，白天保持在 20～25℃，夜间为 15℃（不低于 12℃），创造幼苗生长的优良环境。③早春育苗时，地温偏低，可采用地热线育苗，以提高地温，控制病害的发生。④幼苗发生轻微沤根时，应立即控制浇水，及时松土散湿，提高地温，并同时向苗床撒施干草木灰。

(二)菜苗烧根

【为害诊断】秧苗烧根现象是由于育苗床肥料过多，土壤溶液浓度过大造成的，一般土壤溶液浓度超过 0.5%～1%就会烧根。秧苗烧根后，根系很弱，变成黄色，地上部叶片小，叶面发皱，边缘焦黄，植株矮小。

【发病原因】①追肥量过大。化肥或人、畜粪尿一次施入量过大，会造成土壤肥料浓度过高，使作物根系吸收养分和水分受阻，从而发生肥害。②施入未腐熟的有机肥。未腐熟的有机肥在分解过程中，会产生大量的有机酸和热量，易造成烧根现象。

【防治方法】①苗床施肥量要适当。②有机肥料必须腐熟再施用，尤其是禽粪须经发酵后与化肥混合使用。③合理使用化肥，尤其是氮肥一次施用量不能过多。④发生烧根现象后，可选晴天适当浇水，以降低土壤溶液浓度，并提高床温。

三、虫害

(一)蝼蛄

别名拉拉蛄、地拉蛄、地狗子等,属直翅目蝼蛄科。我国的蝼蛄主要有华北蝼蛄、非洲蝼蛄两种。华北蝼蛄多分布于东北、西北、华北、华东(部分)等地区。东方蝼蛄在全国广泛分布,以南方各地、黑龙江省和吉林省东部发生量大。

蝼蛄食性极杂,可为害多种蔬菜。以成虫、若虫在土中咬食播下的种子和萌发的幼芽,咬断嫩茎;苗大以后,将根茎部咬成乱麻状,常造成缺苗断垄。蝼蛄活动时将土面串成纵横交错的隆起"隧道",使根、土分离形成"吊根",导致幼苗成片死亡,严重时须重种。

【形态特征】

(1)成虫　非洲蝼蛄体长 30～35 毫米,体瘦小、灰褐色,腹部末端近纺锤形,后足胫节背面内侧有 3～4 个距;华北蝼蛄体长 36～55毫米,体肥大、黄褐色,腹部末端近圆筒形,后足胫节背面内侧有 1 个距或消失。

(2)若虫　非洲蝼蛄共 6 龄,2～3 龄后与成虫的形态、体色相似;华北蝼蛄共 13 龄,5～6 龄后与成虫的形态、体色相似(图 4-1)。

【生活习性】华北蝼蛄约每 3 年发生 1 代,卵期 17 天左右,若虫期 30 天左右,成虫期近 1 年。以成虫、若虫在 67 厘米以下的无冻土层中越冬,每窝 1 只。越冬成虫在翌年 3～4 月份开始活动。5 月上旬至 6 月中旬,当平均气温和 20 厘米土温为 15～20℃时进入为害盛期,并开始交尾产卵。产卵期约为 1 个月,平均每雌产卵 288～368 粒。卵产在 10～25 厘米深处预先筑好的卵室内,其场所多在轻盐碱地或渠边、路旁、田埂附近。6 月下旬至 8 月下旬天气炎热,该虫则潜入土中越夏,9～10 月份再次上升至地表,形成第二次为害高峰。

非洲蝼蛄在大部分地区 1 年发生 1 代,东北与西北两年 1 代。其活动及为害规律与华北蝼蛄相似,但交尾、产卵及若虫孵化期均提早 20 天,平均每雌产卵 60～100 粒,产卵场所多在潮湿的地方。

两种蝼蛄均昼伏夜出，夜间 21～23 时活动最盛，雨后活动更甚。具趋光性和喜湿性，对香甜物质（如炒香的豆饼、麦麸）以及马粪等农家肥具强烈趋性。

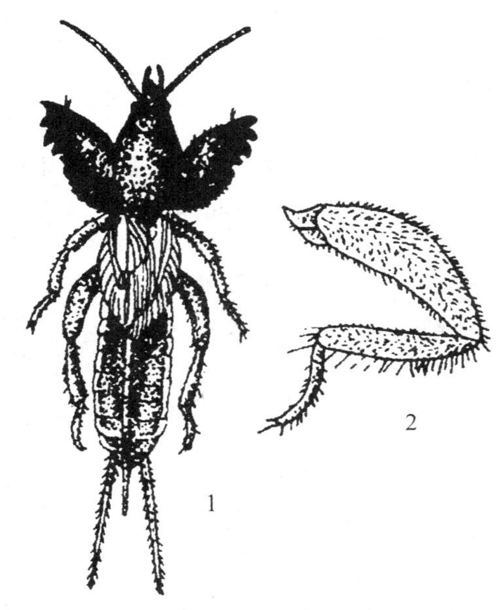

图 4-1 蝼蛄
1. 华北蝼蛄 2. 非洲蝼蛄后足

【防治方法】

(1)农业防治 提倡水旱轮作，菜田换茬时应深耕细耙，不施未经腐熟的农家肥等，造成不利于蝼蛄生活的环境，可减轻危害。

(2)毒饵诱杀 将豆饼、棉仁饼或麦麸 5 千克炒香，或秕谷 5 千克煮至三成熟晾至半干，再用 90％敌百虫晶体或 50％辛硫磷乳油 150 克对水 30 倍拌匀，结合播种，每 667 平方米用 1.5～2.5 千克撒入苗床，或出苗后将毒饵(谷)撒在地里和苗床上。

(3)灌药防治 对蝼蛄为害严重的苗床或菜田，每 667 平方米用 10％二嗪农颗粒剂 2～3 千克或 5％辛硫磷颗粒剂 1～1.5 千克与15～30千克细土混匀后撒于床上、播种沟或移栽穴内，待播种和菜苗移栽后覆土。苗床可用50%辛硫磷乳油1 000倍液灌根，也有一定的效果。

(二)蛴螬

别名白地蚕、白土蚕等。蛴螬是金龟子的幼虫，属鞘翅目金龟甲科。我国菜田中发生的蛴螬有30余种，常见的有4种，即东北大黑鳃金龟、华北大黑鳃金龟、暗黑鳃金龟和铜绿丽金龟。暗黑鳃金龟和铜绿丽金龟在各地普遍发生；东北大黑鳃金龟分布于东北地区和内蒙古、河北、甘肃等省、区；华北大黑鳃金龟从黑龙江至长江以南以及江苏、浙江等地均有发生。蛴螬为害豆类、茄果类、瓜类、叶菜类等多种蔬菜以及粮食作物和果树、林木等。蛴螬在地下啃食萌发的种子、咬断幼苗根茎，致使全株死亡，严重时造成缺苗断垄；还啃食块根、块茎，使作物生长衰弱，降低蔬菜的产量和质量。其成虫喜取食大豆、花生及果树的叶片。

【形态特征】

(1)成虫　体长16～22毫米，体黑褐色至黑色、有光泽。鞘翅长椭圆形，每侧各有4条明显的纵隆线。前足胫节外侧有3个齿，内侧有1个距。

(2)幼虫　老熟幼虫体长35～45毫米，体乳白色、多皱纹，静止时弯成"C"字形。头部黄褐色或橙黄色。

(3)蛹　体长21～23毫米，为裸蛹。头小、体稍弯曲，由黄白色渐变为橙黄色(图4-2)。

【生活习性】在北方多为2年1代，以幼虫和成虫在55～150厘米深的无冻土层中越冬。卵期一般为10余天，幼虫期约350天，蛹期约20天，成虫期近1年。5月中旬至6月中旬为越冬成虫出土盛期，夜间20～21时为成虫取食、交尾活动盛期。卵多散产在寄主根际周围松软潮湿的土壤内，以水浇地分布居多，每雌可产卵百粒左右。当年孵出的幼虫在立秋时进入3龄盛期，土温适宜时，造成严重为害。秋末冬初土温下降后即停止为害，下移越冬，并在翌年4月中旬形成春季为害高峰。夏季高温时则入地筑土室化蛹，羽化的成虫大多在原地越冬。成虫有假死性、趋光性和喜湿性，并对未腐熟的厩肥有较强的趋性。

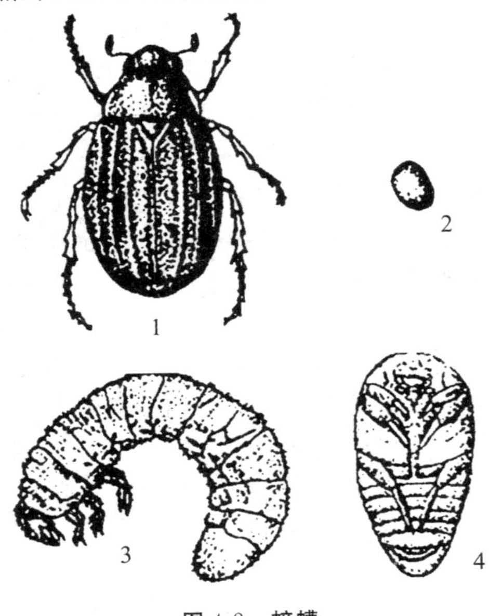

图 4-2 蛴螬

1. 成虫 2. 卵 3. 幼虫 4. 蛹

【防治方法】

(1)农业防治 ①科学施肥。农家肥充分腐熟后再施用，避免将幼虫和卵带入菜田。②作物收获后应及时翻耕，可将部分成虫、幼虫翻至地表，使其风干、冻死或被天敌捕食。

(2)灯光诱杀 在成虫盛发期，可每 2 公顷菜田设 40 瓦黑光灯 1 盏，距地面 30 厘米，灯下挖坑(直径约 1 米)，铺膜做成临时性水盆，加满水后再加微量煤油漂浮封闭水面。傍晚开灯诱集，清晨捞出死虫并捕杀未落入水中的活虫。

(3)毒土防治 每公顷用 80%敌百虫可溶性粉剂 1 500～2 250 克，或 50%辛硫磷乳油 3 000 克，对少量水稀释后拌细土 225～300 千克制成毒土，均匀撒在播种沟(穴)内，覆一层细土后播种。也可每 667 平方米用 2%甲基异柳磷粉剂 2～3 千克拌细土制成毒土。

(4)药剂防治　①灌根。在蛴螬发生较重的地块,用50%辛硫磷乳油或80%敌百虫可溶性粉剂或25%甲萘威可湿性粉剂各800倍液灌根,每株灌150～250克,可杀死根际附近的幼虫。②喷雾。在成虫盛发期所集中的作物或树上,可喷80%敌百虫可溶性粉剂1 000倍液,或20%氰戊菊酯乳油4 000倍液。也可用配好的毒土进行防治,均有良好效果。

(三)地老虎

别名为土蚕、黑地蚕、切根虫等。地老虎属鳞翅目夜蛾科。我国蔬菜田常见的地老虎有3种,学名为小地老虎、黄地老虎、大地老虎。小地老虎全国各地普遍发生,黄地老虎主要在华北、华中、华东、西南和西北等地区发生,大地老虎全国各地均有发生。

地老虎食性极杂,主要为害春播(栽)蔬菜幼苗和茄果类、瓜类、豆类、葱蒜类及十字花科等蔬菜。初龄幼虫只在叶上咬成缺刻或小孔,3龄以后食量大增,常将幼苗从茎基部咬断,或咬食子叶、嫩叶,常造成缺苗断垄甚至毁种,给蔬菜生产带来严重影响。

【形态特征】

(1)成虫　体长16～23毫米,翅展42～54毫米,体暗褐色。前翅中室附近肾形斑、环形斑明显,在肾形斑外侧有3个楔形黑斑,尖端相对。后翅灰白色。

(2)卵　半球形,卵壳上有纵横隆纹,高0.5毫米,宽0.6毫米。初产时乳白色,后变为淡黄色至灰黑色。

(3)幼虫　体长42～47毫米,黄褐色至黑褐色,体表粗糙,布满龟裂状皱纹和黑色小颗粒。腹部第一至第八节背面各有4个黑色毛片。臀板黄褐色,有2条深褐色纵带。

(4)蛹　体长18～24毫米,红褐色,有光泽。第五至第七腹节背面的刻点比侧面的大,腹末有1对臀棘,呈分叉状(图4-3)。

【生活习性】小地老虎由北至南1年发生2～7代。在长江流域以老熟幼虫、蛹和成虫越冬,再往南可全年繁殖为害;往北尚未查到越冬虫态和场所,推测北方地区春季虫源由南方迁飞而来。全国绝大多数地区均以第一代为害严重,从北到南一般为3月中旬至6月中旬。高温不利于小地老虎的生长发育和繁殖。当平均气温在30℃以上时，其群死亡率显著上升、出生率大为降低。因此，其余各代的为害较轻。成虫白天栖息在杂草或土块缝隙处，夜间出来取食、交尾和产卵，尤以黄昏后活动最盛。成虫趋光性和趋化性强，喜食糖、醋等带酸甜味的汁液。羽化后需取食花蜜补充营养。卵散产或成堆产在低矮杂草幼苗的叶背或嫩茎上，也可产在田间枯根上，每雌平均产卵800～1 000粒。当气温为16～17℃时，卵期约11天。幼虫共6龄，3龄前大多在寄主心叶里，也有的藏在土表、土缝中，昼夜取食寄主嫩叶。4～6龄幼虫，白天潜伏浅土中，夜出活动为害，尤其在天刚亮多露水时为害最重。5～6龄为暴食期，取食量占整个幼虫期的95%。3龄后的幼虫具假死性和互相残杀的习性。老熟幼虫潜土筑土室化蛹。小地老虎喜温暖潮湿的环境条件。因此，在地势低洼、土壤黏重、杂草丛生及菜田等地为害严重。遇早春气温偏暖、第二代卵盛孵期及1～2龄幼虫盛期雨少时，幼虫存活率高，当年为害也重。

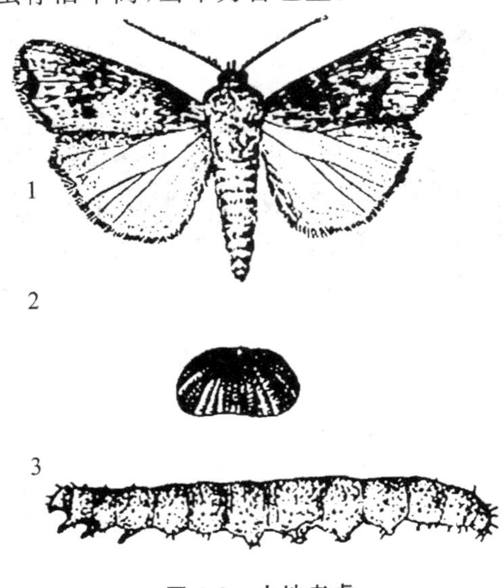

图4-3 小地老虎

1.成虫 2.卵 3.幼虫

【防治方法】

(1)农业防治　铲除菜地及周围和田埂杂草，春耕耙地，秋翻晒土及冬灌，均能杀灭虫卵、幼虫和部分越冬蛹。

(2)毒饵诱杀　①春季用糖醋液诱杀越冬代成虫。糖、醋、酒、水的比例为 3∶4∶1∶2，加少量敌百虫。将诱液放入盆内，于傍晚摆放到田间距地面 1 米处诱杀成虫，每 2 000 平方米放一盆。翌日早晨收回盆或盆上加盖，以防诱液蒸发。10 天左右更换一次诱液。②先将 5 千克棉籽饼或菜籽饼炒香，再将 80%敌百虫可溶性粉剂或 50%辛硫磷乳油 60～120 克用少量水稀释倒入料中拌匀，可供 667 平方米菜地使用。也可将上述药液与切碎的鲜草 15～20 千克拌成毒饵，傍晚时撒在苗根附近。

(3)人工捕捉　①蔬菜苗期发现有地老虎为害时，于清晨扒开断苗周围的表土，可捉到潜伏的高龄幼虫，应连续捕捉几天。另外，浇水时幼虫常从土中爬出逃生，可随时捕捉，以减轻危害。②采集新鲜泡桐树叶，用水浸泡后，于第一代幼虫期傍晚放入被害菜田，每 667 平方米用 50～70 片叶，于翌日清晨捕捉叶下幼虫。也可用新鲜菜叶、杂草诱集捕杀。

(4)药剂防治　幼虫 3 龄前为防治适期，蔬菜生产可在 2 龄幼虫盛期施药。①喷雾(粉)法。用 2.5%溴氰菊酯乳油 2 000 倍液，或 20%氰戊菊酯乳油 3 000 倍液，或 80%敌百虫可溶性粉剂 800～1 000 倍液，或 50%辛硫磷乳油 800 倍液喷雾。也可每 667 平方米用 2.5%敌百虫粉剂 1.5～2 千克喷粉。②药剂灌根。虫龄较大时，可选用 50%辛硫磷乳油或 50%二嗪农乳油 1 000～1 500 倍液灌根，杀死土中幼虫。

第五章　十字花科蔬菜病虫害及防治

一、大白菜病毒病

大白菜病毒病俗称“抽疯”，各地普遍发生，危害较重，是大白菜主要病害之一。该病除为害大白菜外，还为害小白菜、甘蓝、青菜、萝卜、芹菜、芜菁和芥菜等蔬菜。

【为害诊断】苗期、成株期和采种株上都有发生，但以苗期发病为主。苗期得病，病苗心叶出现明脉及沿叶脉褪绿，出现花叶。成株期发病，叶片皱缩不平，有时叶脉上产生褐色坏死斑点，病株矮化，不结球或结球但包心不紧。采种株显症，新叶明脉，老叶叶脉坏死，花瓣色淡，果荚瘦小，籽粒皮瘪，种子发芽率低。

【发病规律】在北方，病毒在窖藏的白菜上越冬，或在宿根作物及田间杂草上越冬。通过蚜虫和汁液摩擦传播蔓延。从越冬寄主传到春菜，经夏菜寄主传到秋大白菜和萝卜上。苗期气温高或干旱，发病重。幼苗七叶期以前易感病，受侵染后不能结球。侵染越早，发病越重。十字花科蔬菜邻作或连作，发病重。

【防治方法】

(1)因地制宜地选用丰产、抗病、优质的大白菜品种。在无病种株上采种。

(2)适期播种。播种早，病害重；播种晚，包心不实，降低产量。因此，应根据当地气象条件和蚜虫发生情况，选定本地播种适期。苗期采取小水勤灌，并蹲苗、间苗。消灭杂草，可减少传毒蚜虫，减轻病害。施足基肥，增施磷、钾肥，少量多次追施氮肥，能壮苗增强耐病力。

(3)利用蚜虫喜黄色、避银灰色的特点，用银灰膜条驱蚜。

(4)及时防治蚜虫。在白菜播种的同时，施用乐果或灭蚜松颗粒剂，出苗后及时喷药防治，或发病初期喷洒20%盐酸吗啉胍・铜可湿性粉剂500倍液或菇类蛋白多糖(抗毒剂1号)300倍液，每隔7～10天喷1次，连续喷2～3次。

二、大白菜霜霉病

大白菜霜霉病各地普遍发生，危害较重，是大白菜主要病害之一。除为害大白菜以外，还侵染小白菜、菜薹、甘蓝、花椰菜、芜菁、芥菜、萝卜等十字花科蔬菜。

【为害诊断】从幼苗至采种株均主要为害叶片。苗期发病叶正面形成淡绿色斑点，扩大后变黄，潮湿时，叶背面长出白色霉状物；遇高温，病部则形成近圆形枯斑。成株期病斑亦褪绿或变黄，在发展过程中，因受叶脉限制呈多角形。条件适宜，病情急剧发展，叶片由外向里，层层枯死。种株受害，花梗畸形或肿胀，在花及荚上形成坏死斑，空气潮湿时病部产生霉状物。

【发病规律】病菌以菌丝体在病株、采种株上越冬，或以卵孢子随病残体在土壤中越冬，条件适宜时侵染。翌年春，由卵孢子或休眠菌丝产生的孢子囊萌发芽管，经气孔或表皮细胞间侵入春菜寄主，春菜收获后病菌以卵孢子在田间休眠2个月后侵入秋菜。病株所产生的大量孢子囊，借助风雨传播，使病害扩大和蔓延。病菌孢子囊的形成、萌发和侵入要求稍低的温度和较高的湿度。田间湿度大、昼夜温差大、叶面结露或有阴雨，有利于发病。早播、密植、连作、缺肥或偏施氮肥，均有利于病害的发生。

【防治方法】

(1)农业防治　选用抗病品种，合理轮作，适期播种，加强肥水管理，与非十字花科蔬菜隔年轮作；施足基肥，增施磷、钾肥；注意苗期的水分管理，降低湿度，有利于根系生长，包心后不可缺水缺肥；收获后，及时清洁田园，深翻土壤。

(2)种子处理　用相当于种子重量0.3%的25%甲霜灵可湿性粉剂或50%福美双可湿性粉剂拌种。也可用相当于种子重量0.4%的75%百菌清可湿性粉剂或50%福美双可湿性粉剂拌种。

(3)药剂防治　发病初期或出现中心病株，应立即喷药防治，常用的药剂有 64%噁霜・锰锌可湿性粉剂 700 倍液，72%霜脲氰・代森锰锌可湿性粉剂 700 倍液、72.2%霜霉威水剂 800 倍液、90%三乙膦酸铝可湿性粉剂 800 倍液和 75%百菌清可湿性粉剂 500 倍液。喷药必须细致周到，特别是下部叶片也应喷到。

三、白菜软腐病

白菜软腐病又称腐烂病、烂疙瘩，是世界性病害。国内各地普遍发生，危害严重，田间发生可成片绝收，而且病株入窖，常引起烂窖，收后损失很大。除大白菜以外，还为害萝卜、甘蓝、花椰菜和芜菁等十字花科蔬菜以及番茄、辣椒、洋葱、胡萝卜、芹菜和莴苣等蔬菜。

【为害诊断】田间多从包心期开始发病，先在菜帮基部出现半透明状浸润斑，逐渐扩大后变灰白色，嫩组织水渍状腐烂，老组织失水成干缩状。发病初，外叶萎蔫，晚间或阴天尚能恢复正常，病情加重后便不再立起，致使叶球暴露。侵染由叶帮基部向短缩茎发展，引起根髓腐烂，并溢出恶臭的灰黄色黏稠状物质。病菌由薄壁组织进入维管束后，可沿叶脉发展，引起整株腐烂。病菌潜伏组织内尚未发病的植株，人窖后发生腐烂。

【发病规律】病菌主要在病株和病残体组织中越冬。在田间，病菌主要通过昆虫、雨水和灌水传播，从伤口侵入，也可从根毛部位直接侵入，潜伏于体内。软腐病的发生，与寄主生育期、气候条件和栽培管理有密切关系。白菜进入莲座期和包心期，伤口愈合能力差，抗病性降低，有利于病菌侵入和大量增殖；久旱骤降大雨或连阴雨天，致使植株裂口，且因雨水影响愈合速度，延长侵染时间，也会加重病害。此外，平畦栽培、施用未腐熟的农家肥、不适当的早播、菜田低洼、大水漫灌、有害昆虫密度过大等，均能加重病害发生。

【防治方法】

(1)选播抗病品种　在常发病区可采用杂种一代或青帮系

白菜。

(2)加强田间管理　白菜前茬宜选择葱、蒜或菜豆地,或与豆、麦轮作。采用高畦或半高畦栽培;施足基肥,避免施用未腐熟的农家肥,避免大水漫灌,雨后及时中耕培土,使菜根不外露。莲座期和结球期追施氮肥和钾肥,增强抗病性。发现病株立即拔除、烧毁或深埋,病穴撒石灰粉消毒,并填土压实。

(3)采用药剂防治传病媒介昆虫　从播种前和苗期开始,就应及时防治黄条跳甲、菜青虫、小菜蛾、甘蓝夜蛾和地下害虫,其方法参见本书相应害虫的防治。

(4)药剂防治　发病前或初期,可选喷72%农用链霉素可溶性粉剂3 000～4 000倍液、新植霉素4 000倍液、75%敌磺钠可湿性粉剂800倍液,并结合灌根处理。

四、白菜黑斑病

白菜黑斑病又叫黑霉病,近年来病害有扩展和加重的趋势,已成为大白菜生产中的重要病害之一。黑斑病除白菜外,还为害甘蓝、花椰菜、芹菜、芜菁和萝卜等蔬菜。

【为害诊断】叶片病斑圆形,淡褐色或黑褐色,有同心轮纹,外有黄色晕圈。菜帮上病斑长梭形,褐色,有轮纹。潮湿时病斑上有黑色霉层即病菌的分生孢子梗及分生孢子。

【发病规律】病菌以菌丝体和分生孢子在土壤中、病残体上或种子上越冬。成为翌年田间的初侵染源。病菌在田间借风、雨传播,由寄主气孔或表皮直接侵入。低温高湿有利于黑斑病的发生与流行。发病适温为11～24℃,最适温度为13～15℃,空气相对湿度72%～85%。降雨可促进发病,下雨时气温下降,湿度增大,适宜该病发生。

【防治方法】

(1)选用抗病品种,加强田间管理　与非十字花科蔬菜隔年轮作;施足有机肥,增施磷、钾肥;适期播种;发病初期及收获后及时清除病残体并销毁。

(2)种子处理　用75%百菌清或50%福美双可湿性粉剂拌种，药量相当于种子重量的0.4%；用50%异菌脲可湿性粉剂拌种，药量为种子重量的0.2%～0.3%。

(3)药剂防治　初发病时选用75%百菌清600倍液、58%甲霜灵·锰锌500倍液、70%代森锰锌500倍液、50%多菌灵500倍液、50%甲基硫菌灵500倍液、64%噁霜·锰锌500倍液、50%异菌脲1 500倍液喷洒。每隔7天左右喷1次，遇雨后补喷，连喷2～3次。

五、大白菜白斑病

白斑病仅为害十字花科蔬菜，主要侵染大白菜、甘蓝、芜菁、萝卜等。其中大白菜发病较重。此病常与霜霉病并发，危害性加重。

【为害诊断】白斑病主要为害叶片，老叶先发病。初为灰褐色小斑，扩大后呈圆形或卵圆形，病斑中心由灰褐色变为灰白色直至白色。湿度高时，叶背有淡灰色霉层即病菌的分生孢子梗及分生孢子。发病重者病斑连接成片，造成落叶。

【发病规律】病菌以菌丝体在病、残叶上或在种株上越冬，也可以分生孢子附着在种子上越冬。条件适宜时，通过雨水飞溅传播，从寄主气孔侵入，引起初侵染。发病后，产生分生孢子，借风、雨重复传播。此病侵染对温度要求不太严格，5～28℃均可发病，适温11～23℃。田间湿度大、温差大，有利于发病。连作年限长、缺少氮肥或基肥不足、植株长势弱的发病重。

【防治方法】

(1)选用抗病品种和种子消毒　用50℃温水浸种20分钟后捞出立即浸入冷水中，而后晾干播种。也可用相当于种子重量0.3%的多一福粉(50%多菌灵可湿性粉剂和50%福美双按1∶1拌匀)拌种。

(2)加强栽培管理　重病区实行与非十字花科蔬菜2～3年轮作。平整土地，增施基肥，适期播种，防止田间积水，收获后清除田间遗留残株落叶，翻耕埋入土中，可减少病菌。培育壮株，减少发病。

(3)药剂防治　发病初期，选用50%多菌灵可湿性粉剂600倍液、70%甲基异菌灵可湿性粉剂1 000倍液、70%代森锰锌700倍液喷洒，每隔10天喷1次，连续喷2～3次。

六、大白菜炭疽病

全国各地都有发生，但长江流域受害较重，其中，长江中游地区该病流行年发病率高达50%左右。在田间该病除侵染大白菜外，还侵染萝卜、芥菜、芜菁等。

【为害诊断】主要为害叶片、花梗及种荚。叶片染病初期，出现白色或褪绿水渍状斑点，后发展为圆形或近圆形灰褐色斑，中央略下陷呈薄纸状；后期病斑灰色，易穿孔。叶背面受害后，叶脉形成凹陷的条状褐斑。叶柄、花梗及种荚染病，形成扁圆形或纺锤形至梭形、凹陷的灰褐色斑。湿度大时，病斑上有红色黏稠物质。

【发病规律】病原真菌随病残体在土壤中越冬。种子也可带菌，借风和雨水飞溅传播。高温高湿时易发病。种植密度大，地势低洼，通风透光性差的田块发病重。

【防治方法】

(1)选择抗病品种和种子处理　种子播前用50℃温水浸种10分钟，或用相当于种子重量0.4%的50%多菌灵可湿性粉剂拌种。

(2)加强田间管理　与非十字花科蔬菜轮作1～2年；合理施肥，增施磷、钾肥；收获后及时清除病株残体，深翻土地，以加速病残体的腐烂。

(3)药剂防治　发病初期，可选用70%甲基异菌灵可湿性粉剂1 000倍液、40%多·硫悬浮剂500倍液、70%代森锰锌可湿性粉剂700倍液喷雾。每隔7～10天喷洒1次，连续喷3次。

七、大白菜根肿病

根肿病只为害十字花科蔬菜。近年来，大白菜产区此病发展很快，为害面积逐年扩大，是国内重要的检疫病害。我国各地均有不同程度的发生。为害大白菜、甘蓝、芥菜、油菜、萝卜、小白菜、红菜薹、榨菜和芜菁等多种蔬菜。

【为害诊断】病株地下部分主根、侧根和须根形成大小不等的肿瘤。主根肿瘤大如鸡蛋,数量少;侧根肿瘤很小,有圆筒形、手指形或天冬根形;须根肿瘤往往成串,极小,数目多至20个。肿瘤表面由光滑变粗糙,进而龟裂,凸凹不平,后常因杂菌感染而腐败发臭。病株地上部生长缓慢,植株矮小,叶片萎蔫,严重时植株枯死。

【发病规律】病菌休眠孢子囊在混入土中的病根残留物上或未腐熟的农家肥里越冬、越夏,休眠孢子囊抗逆性很强,可在土中存活6～7年。通过带菌土壤、肥料、种子、灌水、害虫及农事操作传播。病根受病菌刺激使薄壁细胞大量分裂,体积增大,形成肿瘤。孢子囊萌发及入侵均需适宜的潮湿和酸性条件。酸性土,土壤湿度高,土温为19～25℃,酸性土壤含菌量高,易发病。土壤含水量在45%以下,病菌开始死亡;土壤pH值为7.2以上,发病逐渐减少。

【防治方法】

(1)实施检疫　该病仅在部分省(市、区)局部地区发生。要严格执行检疫法规,控制疫区外调蔬菜和种苗,以保护无病区。

(2)加强栽培管理　与非十字花科蔬菜实行4～5年间隔轮作。择晴天定植,并结合移栽剔除病弱苗,拔除田间病株并进行处理,均有防病作用。

(3)调整土壤酸碱度　在定植前7～10天,每667平方米撒熟石灰粉75～100千克于土表,而后耙地做畦,调节土壤酸碱度至弱碱性,以抑制病菌发展。在白菜发病初期,用15%石灰乳液灌根,每株灌0.3～0.5千克,也可达到同样效果。

(4)药剂防治　播种前15天,每667平方米施40%五氯硝基苯2～3千克,实行土壤消毒。有少数病株时,用40%五氯硝基苯800～1 000倍液灌根,每株灌药液250毫升,有防病作用。

八、大白菜干烧心病

大白菜干烧心病又名干心病,各地较普遍发生。该病已成为大白菜主产区的重要病害，一般病株率为10%～20%，严重地块可高达80%以上。类似的症状在甘蓝、花椰菜、叶用莴苣等蔬菜上有发展趋势。

【为害诊断】大白菜莲座期和包心初期发病，叶片边缘出现水渍状、淡黄色、透明症状，叶缘向内卷曲。随着病情的发展，有时半张叶片呈水渍状，黄色，透明，叶脉黄褐色，最终叶片干枯，叶柄上产生黑褐色条斑。主根有时腐烂，但无恶臭味。受害叶片多在叶球的中部，往往隔几层健康叶片出现一片病叶，严重影响白菜品质。贮藏期病情可继续发展。

【发病规律】大白菜结球期生长量约占植株总量的70%，对钙素反应最敏感。当环境条件不适宜，造成土壤中可溶性钙的含量下降，植株对钙的吸收和运输受阻，而钙素在菜株内移动性差，外叶积累的钙不能被心叶所利用，致使叶球缺钙而显症。连年施用化学肥料，尤其是偏施氮肥，忽视有机肥料的应用和磷、钾肥的配合，致使土壤的理化性质改变，土壤板结，渗透性差，影响白菜根部对营养和水分的吸收。在缺雨或浇水不及时的季节，发病尤重。

【防治方法】

(1)选用抗(耐)病品种　要因地制宜，以窖藏菜为主的地区更应注意品种选择。

(2)科学施肥，合理浇水　应从根本上改变土壤的理化性质入手，施用腐熟的厩肥或堆肥作底肥，若能掺入一定量的磷肥，则对白菜的生长更有利。施追肥时，可用尿素代替硫酸铵。播种时要浇透底水，缩短蹲苗期，尤其在出苗期要做到小水勤浇，“三水”齐苗，勿使土壤板结或出现忽干忽湿现象，以提高幼苗的免疫力。对酸性土壤可适当增施石灰，调节酸碱度成中性，以利于根系对钙的吸收。

(3)补施钙素　在大白菜莲座末期，向心叶撒施一次钙粒肥(含8%氯化钙)或颗粒肥(含6.7%钙)或协合效应元素，每株施3～4克。也可从莲座中期开始对心叶喷施0.7%氯化钙加50毫克/千克萘乙酸混合液，每7～10天喷1次，连续喷洒4～5次，均有一定防效。

九、甘蓝黑腐病

甘蓝黑腐病为甘蓝主要病害之一，全国各产区均有发生，主要为害甘蓝和大白菜，也为害萝卜、花椰菜、芹菜、球茎甘蓝、芜菁、芥菜等蔬菜。

【为害诊断】幼苗和成株均可发病。子叶期发病形成水渍状病斑，根髓部变黑而死亡。成株期多从下部叶片开始发病，形成叶斑或黄脉。病斑由叶缘向内呈"V"字形扩展，坏死面较大，呈黄褐色。病斑边缘浅黄色，与健康组织没有清晰的界限。病部叶脉黑色坏死，病菌沿叶脉和叶柄向基部和根茎蔓延时形成网状脉。大白菜菜帮感病后呈淡褐色干腐，使叶片扭曲或干枯，甚至层层脱落。此病有时与软腐病同期发生，引起整株腐烂。

【发病规律】病菌在种子内或采种株上及土壤病株残体内越冬，一般可存活2～3年。病菌通过种子、采种株、雨水、灌溉水、农具及媒介昆虫传播，由水孔或伤口侵入寄主。病菌生长适温为25～30℃，致死温度51℃持续10分钟，比较耐干燥。病害多在春、秋雨季发生。如果育苗期间气温偏高多雨，苗期和定植后发病重；成株期多雨或多大雾，危害也重。另外，与十字花科蔬菜连作、早播、管理粗放、虫害较重等，均有利于发病。

【防治方法】

(1)选用无病种子　从无病田或无病株上采种。种子消毒可用55℃温水浸种20～30分钟，或用45%代森铵水剂200倍液浸种15分钟，取出冲洗后播种。或用相当于种子重量0.4%的50%琥胶肥酸铜可湿性粉剂拌种。

(2)加强栽培管理　重病区与非十字花科蔬菜实行2～3年轮作。适时播种，合理浇灌，及时防治虫害，收后清洁菜园，以减少病原，降低发病率。

(3)药剂防治　发现病害要及时喷洒45%代森铵800倍液，硫酸链霉素或72%农用链霉素100～200毫克/千克、新植霉素200

毫克/千克、氯霉素 50～100 毫克/千克、50%琥胶肥酸铜可湿性粉剂 1 000 倍液、60%琥·磷酸铝可湿性粉剂 1 000 倍液，每隔 7～10 天喷 1 次，连喷 3～4 次。

十、甘蓝黑根病

甘蓝黑根病又称叶枯病、叶腐病，是甘蓝苗期的主要病害之一。该病菌寄主范围广，一旦进入菜田，较难根治。

【为害诊断】主要为害幼苗的根部。植株染病后根变细、发黑，有时表面有少量白色丝状物，植株地上部分萎蔫，严重时死亡。

【发病规律】病菌主要以菌核在土壤中越冬。在田间，病菌主要靠接触传染，即植株的根、茎、叶接触病土时，便会被土中的菌丝侵染。在有水膜的条件下，与病部接触的健叶即染病。此外，种子、农具及带菌粪肥等都可使病害传播蔓延。菌丝生长温度为 6～40℃，适温为 20～30℃，尤以 25～30℃生长最快。菌核萌发和侵入需要高湿度。不利于寄主生长的过高或过低土温、黏重而潮湿的土壤均有利于发病。

【防治方法】

(1)苗床土壤消毒。

(2)实行种子消毒使用相当于种子重量 0.3%的 50%福美双可湿性粉剂或 60%代森锌可湿性粉剂拌种。

(3)发病初期，喷洒 75%百菌清可湿性粉剂 800 倍液、甲基立枯磷乳油 1 200 倍液、铜氨混合剂 400 倍液。

十一、甘蓝黑胫病

甘蓝黑胫病，别名根朽病，属土传病害。此病除为害甘蓝外，还在白菜、油菜、花椰菜、芜菁、萝卜、结球甘蓝、芥蓝和芹菜等蔬菜上发生。

【为害诊断】苗期和成株期均可发病，主要为害茎和叶片。苗期在子叶、真叶和幼茎上产生浅褐色或灰白色病斑，圆形或椭圆形，其上散生黑色小粒点，为分生孢子器。幼茎上的病斑稍微凹陷。重病苗很快枯死。轻病苗症状不易被发现,可能造成植株带病定植,引起成株受害。成株期叶部病斑与苗期相同,并在主根和侧根上生紫黑色条斑,使根部发生腐朽,或从病茎处折倒。发病重时植株外部叶片产生带有黑粒点的病斑,或变黄后凋萎。

【发病规律】病原菌以菌丝体在种子、土壤、农家肥中或十字花科蔬菜留种株上越冬。菌丝体在种子里可存活3年,在土中可存活2～3年。越冬菌源翌年条件适宜,可形成孢子器,散出大量分生孢子,由雨水或昆虫传播。种子带菌由幼苗子叶直接侵染,引起发病。病菌孢子在水中萌发经由自然孔口和伤口侵入寄主薄壁组织进入维管束,使维管束变黑。分生孢子产生的适宜温度为20℃左右,菌丝生长最适温度为25℃。苗期环境潮湿发病重;成株期多雨、潮湿、闷热或降雨后气温高,均容易引起病害流行。多发生在高温、高湿的地区和季节,苗期和成株期均可受害,严重时引起死株,影响产量。

【防治方法】

(1)实行轮作和间作　与非十字花科蔬菜进行2～3年轮作,或与大田作物间作,可使该病发生较轻。

(2)选用无病种子和种子处理　设无病留种田,采收无病种子,或用50℃温水浸泡种子20分钟灭菌。也可用相当于种子重量0.4%的50%福美双或琥胶肥酸铜可湿性粉剂拌种。

(3)土壤处理　每平方米用40%福美双可湿性粉剂或40%五氯硝基苯粉剂8～10克药剂掺拌细干土30～40千克,播种时撒于床面。

(4)药剂防治　初发病即及时喷药,喷洒75%百菌清可湿性粉剂600倍液或40%多硫悬浮剂600倍液及60%多·福可湿性粉剂600倍液等,每隔7～10天喷1次,喷1～2次。

十二、甘蓝菌核病

甘蓝菌核病又称菌核性软腐病或白腐病,南、北方均有发生。甘蓝生长期受害严重,白菜和十字花科其他蔬菜采种株也受侵染为害。此病还为害菜豆、番茄、辣椒、莴苣、洋葱、胡萝卜、菠菜、黄瓜、豌豆、蚕豆、马铃薯等作物。

【为害诊断】幼苗感染后在地表面茎部出现水渍状病斑，很快坏腐或引起猝倒。包心期受害，在近地面的菜帮和茎基部产生水渍状凹陷病斑，开始呈淡褐色，后变褐色或灰白色，病部腐烂。采种株受害普遍且严重。根茎基部、叶柄和荚产生黄褐色病斑，逐渐变灰白色，甚至腐烂，引起茎部中空或由病部折倒。花梗感病后长出白色菌丝并发生水腐，致使种荚不能正常结籽或不结实。环境潮湿时，病部长出白色茸毛和黑褐色的鼠粪状菌核。

【发病规律】病菌主要以菌核在病株残体内或脱落在土壤中以及混杂在种子里越冬、越夏。菌核遇降雨或灌水开始萌发，产生菌丝或子囊盘和子囊孢子，直接传播或随风雨传播。田间由病株产生的菌丝接触健株后，进行再侵染和扩大蔓延。在潮湿条件下，菌核萌发和子囊盘形成的最适温度为15℃，子囊孢子侵入寄主及菌丝生长以20℃最为适宜。连绵阴雨，空气相对湿度在80%以上，有利于病菌的生长和传播。在低温潮湿时发病重。偏施氮肥、地势低洼、排水不良均有利于发病。

【防治方法】

(1)选用无病种子和进行种子处理　设无病留种地或无病采种株，防止种子混杂菌核。发现种子混杂菌核，可用10%盐水漂洗，汰除杂物后用清水洗种，晾干播种。

(2)加强栽培管理　与非十字花科作物进行2～3年轮作，与水田轮作最好。施足基肥，合理施用氮肥，小水勤浇，有利于提高地温，减少发病。

(3)实施药剂防治　从发病初期开始喷50%腐霉利可湿性粉剂2 000倍液，或40%菌核净可湿性粉剂1 000倍液，或50%多菌灵、甲基异菌灵可湿性粉剂500～800倍液，或50%异菌脲可湿性粉剂1 000倍液，或50%氯硝铵可湿性粉剂800倍液。每隔7～10天喷1次药，连喷2～3次，每667平方米用药液60升左右。

十三、甘蓝软腐病

【为害诊断】受害部位开始呈浸润半透明状，后期病部变褐、软腐、下陷，溢出污白色细菌脓液，触摸有黏滑感，有恶臭味。发病初期，中午病株表现萎蔫，早晚可恢复。随着病情发展，萎垂的外叶不再恢复，使叶球外露。叶茎部和根茎处心髓组织完全腐烂，充满灰黄色黏稠物，臭气四溢。有的病株先从外叶边缘和心叶顶端开始腐烂，逐渐向植株下部蔓延，最后也形成烂疙瘩。

【发病规律】病菌主要在病株和病残体组织中越冬，可存活很长时间。翌年通过昆虫、雨水和浇水传播，病菌从伤口侵入寄主。由于寄主范围广，所以能从春到秋，在各种蔬菜上繁殖为害，最后传到甘蓝等保护地蔬菜上为害。病菌在5～39℃均可生长，最适温度为25～30℃。播种早，地势低洼，施用的肥料未腐熟，连作地以及地老虎、菜青虫的为害，均会加重发病。

【防治方法】

(1)选用抗病品种和种子处理。

(2)农业防治　合理轮作，与韭菜或葱间作；采用高畦或半高畦栽培，畦间开深沟排水，避免种植在低洼地；施足基肥，肥料应充分腐熟；防止大水漫灌，及时消灭害虫，减少伤口，防止病菌入侵。发现病株立即拔除或深埋，病穴应撒石灰粉消毒，并填土压实。

(3)药剂防治　发病前或发病初期，可喷农用链霉素200毫克/千克或新植霉素200毫克/千克溶液，并结合灌根处理，以提高防效。

十四、萝卜病毒病

【为害诊断】轻病株心叶表现明脉、皱缩、呈花叶型，虽然没有明显的矮化现象，也能抽薹，但是结实不饱满。重病株畸形严重，矮化明显，造成产量损失。

【发病规律】病毒主要在种株和宿根植物上越冬。以蚜虫或汁液接触传播。春季在十字花科蔬菜上传播，经夏甘蓝传到秋白菜、萝卜上，呈链状传播。高温干旱，蚜虫多，植株抗病力差，发病重。

【防治方法】

（1）农业防治　选用抗病品种，加强苗期管理，适时灌溉，灌溉后及时进行浅中耕，促进植株发育，以提高抗病性；结合间苗、定苗，拔除病、弱苗。苗期可用银灰色反光塑料膜驱蚜。

（2）药剂防治　发现蚜虫时及时选用50%马拉硫磷乳油1 000倍液喷雾。田间初见病毒病及时选喷83增抗剂100倍液、20%盐酸吗啉胍·铜可湿性粉剂500倍液、1.5%植病灵乳剂1 000倍液。每8～10天喷1次，连喷3次左右。

十五、萝卜黑腐病

【为害诊断】叶片多自叶缘开始发病，自叶脉先端向内和两侧扩展，形成“V”字形黄褐色病斑，叶脉坏死变黑。肉质根往往外表正常，内部维管束变黑。严重时内部组织干缩，变成空心。

【发病规律】病菌存留在种子上或随病残体遗留在田间越冬。在田间，病菌通过灌溉水、雨水、虫伤或农事操作造成的伤口传播蔓延。从叶缘处水孔或叶面伤口侵入，进入维管束组织扩展。发病适温为25～30℃。连作、地势低洼、灌水过量、田间潮湿、肥料少或未腐熟及人为伤口和虫伤多，发病重。

【防治方法】

（1）种子处理　用50℃温水浸种20分钟，浸后立即放入冷水中冷却，晾干后播种。或用相当于种子重量0.2%的50%福美双可湿性粉剂拌种。

（2）加强管理　深翻土壤，掩埋病残体以促使腐解；合理施肥、灌水；及时防治害虫。在有条件的地方，实行与非十字花科蔬菜轮作1～2年。

（3）药剂防治　发病初期，选喷72%农用硫酸链霉素可溶性粉剂、新植霉素3 000～4 000倍液，14%络氨铜水剂350倍液。每7～10天喷1次，连续喷2～3次。

十六、萝卜根肿病

【为害诊断】该病为害根部形成肿瘤。发病初期，病株生长迟缓、矮小，基部叶片常在中午萎蔫、早晚恢复；后期基部叶片变黄、枯萎，有时整株枯死。植株受侵染愈早，发病愈重。

【发病规律】病菌主要以休眠孢子囊随病残体遗留在土壤中越冬、越夏。病残体、未腐熟的厩肥、土壤等都能带菌，成为田间发病的初侵染源。依靠病残根或带菌泥土的远距离转运传播，田间也有可能由休眠孢子囊粘附在种子表面上传播。酸性土壤适合于病菌的侵入发育，当土壤 pH 值为 5.4～6.5 时，发病重；pH 值为 7.2 以上时，一般发病较轻。土壤温、湿度与发病的关系也很密切，尤以土壤湿度影响更大。土壤含水量在 45%以下，病菌容易死亡，发病轻；土壤含水量在 50%～98%时均能发病，但以含水量为 70%～90%时发病重。发病的最适温度为 18～25℃。

【防治方法】

(1)农业防治 整地时，每 667 平方米施生石灰 100 千克左右，将土壤酸碱度调整为微碱性。起垄栽培，合理密植，重施基肥，特别注意增施磷、钾肥和有机肥，以增强植株抗病能力；合理灌水，降低田间湿度。

(2)药剂防治 病区播前用相当于种子重量 0.3%的 40%五氯硝基苯粉剂拌种，每 667 平方米也可用 40%五氯硝基苯粉剂 3～4 千克与 40～50 千克干细土混匀撒在播种沟或定植穴内再播种。也可用 40%五氯硝基苯粉剂 500 倍液灌根，每株用药液 0.4～0.5 千克。

十七、菜蚜

【形态特征】

无翅胎生雌蚜桃蚜体长约 2 毫米。体绿色，有时为黄色和樱红色。腹管长为尾片的 2.3 倍，尾片绿色有 3 对侧毛。萝卜蚜体长约 1.8 毫米，呈卵形。全体黄绿色或稍覆白色蜡粉，体背各节有浓绿色横纹。腹管短，末端达尾片基部，尾片有 2 对侧毛。甘蓝蚜体长约 2.5 毫米，全体暗绿色覆明显的白色蜡粉。腹管长于尾片，尾片有 2～3 对侧毛。

【危害症状】十字花科蔬菜的蚜虫统称为菜蚜，包括桃蚜、萝卜蚜和甘蓝蚜 3 种，均属同翅目蚜科，俗称腻虫、蜜虫等。萝卜蚜和甘蓝蚜主要为害十字花科蔬菜，前者喜食叶面毛多而蜡质少的蔬菜，如白菜、萝卜；后者偏嗜叶面光滑蜡质多的蔬菜，如甘蓝、花椰菜。桃蚜除为害十字花科植物外，还为害番茄、马铃薯、辣椒、菠菜等蔬菜及多种果树、花卉。

菜蚜在菜叶上刺吸汁液造成叶片卷缩变形，影响包心；大量分泌蜜露污染蔬菜，诱发煤污病；同时为害留种植株嫩茎叶、花梗及嫩荚，使之不能正常抽薹、开花和结实。此外，菜蚜还传播多种病毒病，给作物所造成的危害远大于蚜害本身。

【防治方法】

（1）农业防治　夏季采取少种十字花科蔬菜以及结合间苗、清洁田园，借以减少部分蚜源和毒源。

（2）物理防治　苗床四周铺宽约 15 厘米的银灰色薄膜，苗床上方挂银灰色薄膜条，可驱蚜、防病毒病。在菜田间隔铺设银灰色膜条，可减少有翅蚜迁入传毒。

（3）药剂防治　每 667 平方米用 50％抗蚜威可湿性粉剂或水分散粒剂 10～18 克对水 30～50 升喷雾，对菜蚜有特效且不杀伤天敌、蜜蜂。其他常用药剂有 50％马拉硫磷乳油、50％二嗪农乳油、25％喹硫磷乳油各 1 000 倍液。菜蚜对拟除虫菊酯类易产生抗药性，应慎用或与其他农药（如乐果）混用。常用药剂还有 2.5％溴氰菊酯（敌杀死）乳油、20％氰戊菊酯、乳油 3 000 倍液、10％氯氰菊酯乳油 2 000～4 000 倍液。每 667 平方米保护地可选用 22％敌敌畏烟剂 0.5 千克，于傍晚收工前密闭棚室熏烟，省工高效。

十八、菜蛾

菜蛾又称小菜蛾，幼虫称小青虫、吊死鬼、扭腰虫，属鳞翅目菜蛾科。全国各地均有发生，但以南方各地为害严重，为十字花科蔬菜的主要害虫。主要为害甘蓝、花椰菜、球茎甘蓝、白菜、萝卜和油菜等，还可为害番茄、马铃薯、姜、葱、洋葱等。

以幼虫为害叶片，低龄时取食叶肉，仅留下一层表皮，俗称“开天窗”。3～4 龄幼虫将叶片咬出许多小孔，严重时将菜叶吃成网状。该虫有集中为害菜心的习性，使白菜、甘蓝等叶菜类的生长发育发生严重障碍，不能包心结球。幼虫咬食留种株的嫩茎、幼荚和籽粒，造成孔洞，影响结实。

【形态特征】

(1)成虫　为灰黑色小蛾，体长 6～7 毫米，翅展 12～16 毫米。前后翅狭长而尖，缘毛很长，前翅中央有一条三度弯曲的浅色波状带。静止时两翅叠起呈屋脊状，两翅结合处有 3 个连串的黄褐色斜方块。翅尖翘起如鸡尾状。

(2)卵　长约 0.5 毫米，宽 0.3 毫米，椭圆形。初产时乳白色，后变淡黄绿色，有光泽。

(3)幼虫　纺锤形，老熟幼虫体长约 10 毫米，头黄褐色，胸腹部绿色，臀足后伸超过腹部末端。

(4)蛹　长 5～8 毫米，外有灰白色网状薄茧，呈纺锤形，多附着在叶片上。

【防治方法】

(1)农业防治　合理轮作或间作，实行与非十字花科蔬菜轮作，与番茄间作，可抑制小菜蛾发生。十字花科蔬菜收获后，及时清洁田园，将温室中的残株落叶带出棚外深埋或烧毁；露地应铲除田间杂草，可减少成虫产卵场所和幼虫食料。

(2)诱杀成虫　①黑光灯诱杀。成片菜田每 667 平方米安装 20 瓦黑光灯 1 盏，高于地面 33 厘米左右，在菜蛾发生期间连续诱杀，可消灭大量菜蛾及其他害虫。②性诱剂诱杀。每个诱芯含人工合成的性诱剂 50 微克，穿铁丝吊在水盆上方，距水面 1 厘米，每盆诱蛾半径可达 100 米，有效诱蛾期在 1 个月以上。在小菜蛾种群密度较低的情况下，有较好的控制作用。每月更换 1 次，注意捞起死虫。此法大面积连片应用，可杀死大量雄蛾，使雌蛾产下的卵无效。

(3)生物防治　在成虫产卵高峰期，如果气温在20℃以上，可用以下药物防治：①选用苏云金杆菌乳剂或可湿性粉剂、杀螟杆菌或青虫菌粉（含孢子量100亿个/克以上），稀释500～800倍液喷雾；或每667平方米用效价为5 000单位/毫克的苏云金杆菌乳剂50毫升喷雾。②喷植物性杀虫剂5%鱼藤酮200～300倍液。

(4)药剂防治　在卵孵化高峰期至2龄幼虫盛期前施第一遍药，以后每5天左右喷1次，连喷2～3次，并应不同农药交替使用，以延缓抗药性的产生。可选用50%辛硫磷乳油、50%杀螟松乳油、50%二嗪农乳油、2.5%溴氰菊酯乳油、40%菊·马乳油2 000～3 000倍液，2.5%三氟氯氰菊酯乳油、2.5%联苯菊酯乳油、21%增效氰·马乳油2 000～3 000倍液喷雾。如小菜蛾对上述药剂产生较强的抗性，可选用5%定虫隆乳油、5%氟虫脲乳油、5%农梦特乳油1 000～2 000倍液，或25%灭幼脲悬浮剂500～800倍液喷洒，使幼虫不能正常蜕皮而死亡。上述药剂与苏云金杆菌乳剂等生物农药一样，要比普通化学农药提前2～3天使用，幼虫在喷药后3～4天大量死亡。这几种药剂具有高效、对环境天敌安全等优点，在主要为害世代使用，每茬蔬菜只用1次，或同一地区全年不超过2次。

十九、菜粉蝶

菜粉蝶又称白粉蝶、菜白蝶。其幼虫称菜青虫，属鳞翅目粉蝶科。全国各地均有发生。喜食甘蓝类蔬菜叶片，也可为害白菜、萝卜等十字花科蔬菜。以1～2龄幼虫啃食叶肉，3龄以上的幼虫可将叶片咬成孔洞和缺刻，轻则影响包心，重则将叶片吃光，只剩叶脉和叶柄，使幼苗整株死亡。幼虫排出的粪便污染叶球和叶片，遇雨可引起腐烂。

【形态特征】

(1)成虫　为白色粉蝶，体长12～20毫米，翅展45～50毫米。

前翅基部灰黑色,顶角有 1 个三角形黑斑,下方有 2 个黑色圆斑。后翅前缘离翅基 2/3 处有一黑斑。

(2)卵 似瓶形,长约 1 毫米,表面有许多较规则的纵横凸纹。初产时淡黄色,后变为橙黄色。

(3)幼虫 老熟时体长 28～35 毫米,青绿色;背面密生细茸毛和细小黑色毛瘤,体侧沿气门线有黄色斑点一列。

(4)蛹 体长 18～21 毫米,纺锤形,两端尖细。头部前端中央有一管状凸起,体背有 3 条纵脊。体色有绿、灰黄、灰褐等色,因环境而异。尾部和腰间用丝连在寄主上。

【防治方法】

在加强农业防治的基础上,当田间多数幼虫处在 3 龄以前时施药是防治的关键。

(1)农业防治 合理布局,尽量避免十字花科蔬菜连作。收菜后及时清洁田园可减少虫源。

(2)生物防治 每 667 平方米用苏云金杆菌乳剂、复方苏云金杆菌乳剂、杀螟杆菌或青虫菌粉(含活孢子量 100 亿个/克以上)对水 800～1 000 倍防治,或用效价为 5 000 单位/毫克的苏云金杆菌乳剂 50 毫升,在气温为 20℃以上时喷施,具有效果好、无公害、不杀伤天敌等优点。

(3)化学防治 选用 5%定虫隆乳油、5%氟虫脲乳油、5%农梦特乳油各 4 000 倍液,或 25%灭幼脲悬浮剂 500～1 000 倍液喷雾,可使菜青虫不能顺利蜕皮而致死,具有高效、对环境和天敌安全的特点。其施药适期应较一般有机磷、菊酯类杀虫剂提早 3 天左右。还可选用 50%辛硫磷乳油、50%杀螟松乳油、50%杀螟丹可湿性粉剂 1 000～1 500 倍液,或 40%菊·杀乳油、40%菊·马乳油 2 000～3 000 倍液,或 2.5%溴氰菊酯、20%氰戊菊酯 2 000～4 000 倍液喷雾。不常使用敌百虫的地区,可用 90%敌百虫晶体1 000倍液喷雾。

二十、甘蓝夜蛾

甘蓝夜蛾俗名甘蓝夜盗虫，属鳞翅目夜蛾科。该虫在国内各地均有发生，以东北、西北、华北地区为害较重。此虫是多食性害虫，主要寄主有甘蓝、白菜、萝卜、油菜、豆类、茄果类、瓜类等蔬菜及其他农作物，在甘蓝、甜菜产区可猖獗为害。幼虫食叶，严重时仅留叶脉或叶柄，并能钻入叶球，排出粪便引起蔬菜腐烂。

【形态特征】

(1)成虫　体长 15～25 毫米，灰褐色。前翅从前缘向后缘有许多不规则的黑色曲纹，亚外缘线白色，内横线和亚基线为黑色波状双线；肾形斑和环形斑明显，肾形斑外缘白色，环形斑内下方有一楔形斑。

(2)卵　半球形，底径 0.6～0.7 毫米，表面有放射状 3 序纵棱，棱间有一列凹横带，隔成方格。初产时为黄白色，孵化前为紫黑色。

(3)幼虫　体色变化较大，1～2 龄时有 2 对腹足，3 龄后 4 对。老熟幼虫体长约 40 毫米，体上各节有 1 对倒“八”字纹。

(4)蛹　赤褐色至浓褐色，臀棘末端生两根长刺，端部膨大。

【防治方法】

(1)农业防治　采用清除杂草、秋翻冬耕等措施消灭部分越冬蛹，并结合田间作业摘除卵块以及带有低龄幼虫的“窗纱状”被害叶。

(2)诱杀成虫　在成虫发生期，可用糖醋盆诱杀成虫。糖、醋、酒、水的比例为 3∶4∶1∶2，加入少量敌百虫。春季结合诱杀小地老虎成虫进行。

(3)生物防治　在卵期释放赤眼蜂，每 667 平方米 6～8 个放蜂点，每次释放量 2 000～3 000 头，每隔 5 天放 1 次，共放 2～3 次。卵寄生率可达 80％以上。

(4)药剂防治　成虫盛期后 1 周，当 1～2 龄幼虫群居时为防治适期，药剂种类参见菜粉蝶的防治。

二十一、斜纹夜蛾

斜纹夜蛾又称莲纹夜蛾，属鳞翅目夜蛾科。在全国各地均有发生，主要为害区是长江流域各省及河北、河南、山东等省。它是一种食性很杂和暴食性的害虫。主要为害甘蓝、白菜、青菜、藕、芋、生姜、豆类、茄果类及瓜类等。幼虫取食作物叶、蕾、花及果实，大规模发生时可将全田植株吃成光秆并转移为害。

【形态特征】

(1)成虫　体长14～20毫米，翅展33～42毫米，体深褐色，胸部背面有灰白色丛毛。前翅灰褐色，从前缘向后缘外边有3条白色斜纹。腹部暗灰色，末端丛生长毛。

(2)卵　扁半球形，直径约0.5毫米，表面有纵横脊纹。初产时为黄白色，后变为淡绿色，近孵化时呈紫黑色。常3～4层重叠成椭圆形卵块，外覆黄色茸毛。

(3)幼虫　老熟时体长36～48毫米。体色变化较大，初孵时绿色，以后各龄颜色渐深。从中胸到腹部第九节背面各有1对半月形或三角形黑斑。

(4)蛹　体长15～23毫米，赤褐色至暗褐色，腹末端有1对短而弯曲的臀刺

【防治方法】参见甘蓝夜蛾的防治方法(释放赤眼蜂除外)。

二十二、甜菜夜蛾

甜菜夜蛾又称白菜褐夜蛾、玉米叶夜蛾、觅菜虫，属鳞翅目夜蛾科。该虫在国内分布较广，华北各地及陕西局部地区为害较重，长江以南为害严重。属多食性害虫，对甜菜、白菜、萝卜、甘蓝、菠菜等为害较重，严重时将叶片吃成网状，还可钻蛀甜椒、番茄的果实，造成腐烂和脱落。

【形态特征】

(1)成虫　体长10～14毫米，体灰褐色。前翅中央近前缘外方有肾形斑1个，内方有茎环形斑1个；外缘有1列黑色的三角斑。

后翅银白色，翅缘灰褐色。

(2)卵　圆馒头形，直径0.2～0.3毫米，白色。卵粒多层重叠，呈块状。

(3)幼虫　老熟时体长约22毫米，体色绿、黄褐或黑褐色，气门下线为明显的黄白色纵带，有时带粉红色。每体节气门后上方有一明显的白点。

(4)蛹　体长约10毫米，黄褐色。

【防治方法】

晚秋初冬耕地灭蛹，人工摘除卵块、虫叶及黑光灯诱蛾，均有一定作用。目前生产上以药剂防治为主。在甜菜夜蛾发生较严重的年份，尤其要选好适合的药剂，抓住关键时期施药，防治适期为1～2龄幼虫盛期。药剂种类及用法参见菜粉蝶及菜蛾防治方法，应注意轮换用药。

二十三、菜螟

菜螟俗名萝卜螟、钻心虫等，属鳞翅目螟蛾科。该虫在国内分布较广，以南方各省受害严重，近年来在华北局部地区为害加重。主要为害萝卜、白菜、甘蓝、花椰菜、青菜、油菜等十字花科蔬菜，其中以秋萝卜受害最重。幼虫钻蛀取食心叶及叶片，受害幼苗因生长点被破坏而停止生长或萎蔫死亡，造成缺苗断垄。还可传播软腐病引起腐烂。

【形态特征】

(1)成虫　体长7毫米，体灰褐色。前翅灰褐色或黄褐色，有3条白色横波纹。中部有一深褐色肾形斑，周围灰白色。

(2)卵　椭圆形、扁平，长约0.3毫米。

(3)幼虫　老熟时体长12～14毫米。头黑色，身体淡黄色至黄褐色，体背有5条灰褐色纵纹并生有许多毛瘤及细长刚毛。

(4)蛹　体长约7毫米，黄褐色。

【防治方法】

(1)农业防治　春耕翻土、清洁田园；适当调节播期，使秋菜

3～5片真叶期错开菜螟盛发期；秋旱年份，早晚勤浇水，促进菜苗生长；结合间苗、定植拔除虫苗。

（2）药剂防治　菜苗出土后应检查虫卵孵化情况，在幼虫孵化盛期或初见心叶被害和有丝网时，需施药 2～3 次，注意将药喷到菜心上。药剂种类及用法参见菜粉蝶防治。

二十四、黄条跳甲

黄条跳甲俗名土跳蚤、地蹦子等，属鞘翅目叶甲科。在菜田中有黄曲条跳甲、黄狭条跳甲、黄宽条跳甲、黄直条跳甲 4 种，其中，以黄曲条跳甲分布最广、为害最重。以为害十字花科蔬菜为主，如萝卜、白菜、油菜、芥菜、甘蓝、花椰菜等，也可为害瓜类、茄果类及豆类。成虫常成群在叶背将叶片咬成许多小孔，幼苗期受害最重，常造成缺苗断垄；对留种菜株主要为害花蕾和嫩荚。幼虫只为害菜根，可传播软腐病。现以黄曲条跳甲为例介绍如下。

【形态特征】

（1）成虫　体长约 2 毫米，黑色有光泽，前胸背板及鞘翅上有许多点刻，排成纵行；鞘翅中央有一条黄色纵斑，两端大，中央窄。后足腿节膨大。

（2）卵　椭圆形，长约 0.3 毫米，淡黄色，半透明。

（3）幼虫　体长约 4 毫米，长圆筒形，黄白色。腹部末端有一对叉状凸起。

【防治方法】

（1）农业防治　清除菜地残株落叶，铲除杂草；播前深耕晒土，造成不利于幼虫发育的环境并消灭部分蛹；移栽时选用无虫苗等。

（2）药剂防治　苗期防治成虫，每 667 平方米可选用 80％敌百虫可溶性粉剂、50％辛硫磷乳油 2 500 倍液、50％马拉松乳油、5％鱼藤酮乳油 1 000 倍液、50％杀螟丹可溶性粉剂 50～100 克对水 50 升、2.5％溴氰菊酯乳油或 10％氯氰菊酯乳油 1 500～3 000 倍液喷雾。还可用辛硫磷和敌百虫液灌根消灭幼虫。

二十五、猿叶虫

猿叶虫又称乌壳虫、菜金花虫，属鞘翅目叶甲科，有大猿叶虫和小猿叶虫两种。我国除新疆、西藏外，各地均有分布，在南方为害较重。主要为害十字花科蔬菜，以幼虫、成虫食叶为害，致使叶片呈孔洞或缺刻，严重时食叶成网状，仅留叶脉及虫粪污染，不能食用，造成叶菜减产。

【形态特征】

（1）大猿叶虫　成虫体长4.5～5.2毫米，长椭圆形，蓝黑色。小盾片三角形。鞘翅上散生不规则大而深的点刻，后翅发达能飞翔。幼虫体长7.5毫米，体灰黑色中稍带黄色，头部黑色有光泽，各节有大小不等的肉瘤。

（2）小猿叶虫　成虫体长2.8～4毫米，近圆形。鞘翅上有细密点刻排成数行，后翅退化、不能飞翔。幼虫体长6～7毫米，各节有黑色肉瘤8个，瘤上有刚毛。

【防治方法】

（1）清洁田园　结合积肥，清除杂草、残株和落叶，恶化成虫越冬条件。或在田间堆放菜叶、杂草进行诱杀。

（2）人工捕杀　利用成虫、幼虫的假死性，以盛有泥浆或药液的广口容器在叶下承接，击落后集中杀灭。

（3）药剂防治　掌握成虫、幼虫盛发期喷施或淋施25%农梦特或氟虫脲或定虫隆3 000～4 000倍液，或21%增效氰·马乳油5 000～6 000倍液，或40%菊·杀乳油2 000～3 000倍液，或50%辛硫磷乳油、90%杀螟丹可湿性粉剂1 000～1 500倍液，或90%敌百虫结晶1 000倍液，每虫期施药1～2次，交替施用，喷匀淋足。

第六章　瓜类蔬菜病虫害及防治

一、黄瓜霜霉病

【为害诊断】黄瓜霜霉病是黄瓜最主要的病害，俗称“跑马干”。苗期、成株期均可发病，主要为害叶片。条件适宜时也可为害茎和花序。苗期子叶被害，病初在叶正面产生不规则褪绿水渍状黄斑，潮湿时在叶背病斑上产生灰黑色霉层，造成子叶干垂，幼苗死亡。成株期发病，多在开花至结瓜期较重，一般叶片染病，由植株下部叶片向上部叶片发展蔓延，发病初期在叶背产生水渍状斑点，病斑逐渐变为淡黄色或黄色，最后变为淡褐色干枯。病斑的扩展受叶脉限制，呈三角形，病斑边缘明显，潮湿时叶背长出灰黑色霉层，发病严重时，多个病斑连接成片，全叶变为黄褐色干枯、收缩而死亡。

【发病规律】病菌在土壤或病株残体的孢子囊及潜伏在种子内的菌丝体越冬或越夏。以孢子囊随风雨进行传播，从寄主叶片表皮直接侵入，引起初次侵染。以后随气流和雨水进行多次再侵染。

病菌喜温暖高湿的环境，适宜发病温度为 10～30℃，最适温度为 15～20℃，相对湿度 90%以上。叶面有水滴或水膜病菌容易侵入和萌发。当温度在 20℃左右，相对湿度在 80%左右，持续 6～24 小时，则有利于该病发生、蔓延。春季多雨、多雾、多露，且温度上升到 20～25℃，霜霉病可迅速发生、流行。浙江地区保护地栽培黄瓜霜霉病一般在 3 月上、中旬始见，个别年份暖冬季节 1～2 月也可始见霜霉病。4 月初至 5 月中、下旬为发病盛期，露地栽培 4 月上旬始见，5 月上、中旬至 6 月上、中旬为发病盛期。

黄瓜霜霉病一般在保护地发病重于露地，栽培上定植过密、氮肥使用过多、开棚通风不及时、肥力差、地势低的瓜地发病重。

【防治方法】

(1)选用抗病品种　对霜霉病较为抗病的黄瓜品种有津研系列黄瓜,津杂1、2号黄瓜,宝扬5号,中农1、3号黄瓜,西农58,广州全青等。

(2)选地与肥水管理　种植黄瓜地要选地势高燥、通风透光、排水性能好的田块,进行深沟高畦栽培,施足有机栏肥,增施磷、钾肥,提高植株本身的抗病性。生长前期适当控制浇水次数。

(3)生态防病　利用黄瓜和霜霉病对生长环境条件要求不同,采用利于黄瓜生长而抑制霜霉病的方法达到防病目的。具体方法如下:日出后棚温控制在25～30℃,通风使相对湿度降到60%～70%,做到温、湿度双限制、抑制发病,同时利于黄瓜光合作用;下午温度降至20～25℃,相对湿度降至70%左右,实现单湿度限制、抑制病害,而温度利于光合物质输送和转化。夜间,当气温达到10℃以上,即可整晚通风。

(4)高温闷棚　利用黄瓜和病原菌对高温的忍耐性不同来抑制病菌发育或杀死病菌。方法是在防病初期,选择晴天中午将大棚关闭,使棚内黄瓜生长点附近的温度上升到45℃而不超过47℃,维持2～3小时,然后逐步放风降低温度。处理时要求土壤含水量高,棚内湿度高,避免灼伤黄瓜生长点。

(5)药剂防治　及时检查霜霉病发生动态,在发病初期7天内,及时喷药防治。可选用58%甲霜灵锰锌可湿性粉剂600倍液、72%杜邦克露可湿性粉剂800倍液、69%安克锰锌可湿性粉剂1 000倍液、52.5%抑快净水分散剂3 000倍液、72.2%普力克水溶性液剂800倍液、47%加瑞农可湿性粉剂800倍液、64%杀毒矾可湿性粉剂1 000倍液等喷雾。另外,阴雨天,可用每667平方米使用45%百菌清烟熏剂200～250克或5%百菌清粉尘剂或5%加瑞农粉尘剂1 000克烟熏或喷粉,以提高综合防效。

发病前进行喷雾预防,可用40%达科宁悬浮剂600倍液或77%可杀得可湿性粉剂1 000倍液、75%百菌清可湿性粉剂600倍液、大生M-45可湿性粉剂800倍液等喷雾。注意交替使用,并按照国家有关农药使用安全间隔期规定进行。如：72%杜邦克露可湿性粉剂安全间隔期为10天，72.2%普力克水溶性液剂安全间隔期为8天，77%可杀得可湿性粉剂安全间隔期为6天，47%加瑞农可湿性粉剂安全间隔期为10天。

二、黄瓜白粉病

【为害诊断】苗期至收获期均可染病，主要为害叶片，叶柄和茎次之。叶片发病初期，在叶背或叶面产生白色粉状小圆斑，后逐渐扩大为不规则、边缘不明显的白粉状霉斑，即为病菌分生孢子梗和分生孢子。病斑可以连接成片，布满整张叶片，受害部分叶片表现褪绿和变黄，发病后期病斑上产生许多黑褐色的小黑点，即病菌的闭囊壳。发生严重时，病叶组织变为褐色而枯死。

【发病规律】

北方病菌以闭囊壳随病残体在土壤或保护地瓜类作物上越冬。南方以菌丝体或分生孢子在寄主上越冬或越夏。翌年温、湿度条件适宜时，分生孢子萌发，通过气流或雨水落在寄主叶片上，5天后形成白色菌丝状病斑，7天成熟，形成分生孢子飞散传播，进行再侵染。浙江地区黄瓜白粉病发生盛期主要在4月上、中旬至6月下旬，为害保护地黄瓜。田间流行温度16～25℃，相对湿度80%以上。保护地栽培黄瓜因通风不良、栽培密度过高、氮肥施用过多、田块低洼而发病较重。

【防治方法】

(1)因地制宜选用耐病品种　如：津杂系列，津研2、4、6号，宝扬5号黄瓜，中农8号，早春1号，山东1号，鲁黄1号等品种。

(2)加强管理　合理密植，开沟排水，及时摘除病、老叶，加强通风透光，以增强植株长势，增施磷、钾肥，提高抗病力。

(3)保护地烟熏处理　白粉病发生初期，每50立方米用硫磺120克、锯末500克拌匀，分放几处，傍晚开始熏蒸一夜，第二天清晨开棚通风；或用45%百菌清烟熏剂每公顷3.75千克进行熏蒸。

(4)化学防治　在发病初期喷药，每隔7～10天一次，连续2～

3 次。药剂可选择 40%福星乳油 6 000 倍液或 10%世高水分散粒剂 1 000～1 500 倍液、62.25%仙生可湿性粉剂 600 倍液、15%粉锈宁可湿性粉剂 1 500 倍液、70%甲基托布津可湿性粉剂 800 倍液、75%百菌清可湿性粉剂 600 倍液进行防治。注意药剂间交替使用，并根据农药安全间隔期有关规定进行。如：15%粉锈宁可湿性粉剂安全间隔期为 7 天，70%甲基托布津可湿性粉剂安全间隔期为 14 天，40%福星乳油安全间隔期为 18 天等。

三、黄瓜疫病

【为害诊断】黄瓜整个生育期均可发病。保护地栽培主要为害茎基部、叶和果实。幼苗染病多始于嫩尖，产生水渍状、暗绿色病斑，病情发展较快，幼苗萎蔫枯死，但不倒伏。茎染病多在近地面茎基部开始，初期呈暗绿色、水渍状斑，后期病部缢缩，全株萎蔫而死亡。叶片染病，初呈暗绿色、水渍状斑点，后扩展为近圆形或不规则的大斑，潮湿时全叶腐烂，干燥时变青白色易破裂。瓜条发病，潮湿时长出灰白色霉层，迅速腐烂。

【发病规律】病菌以菌丝体、卵孢子和厚垣孢子随病残体在土中越冬。翌年春通过风、雨、灌溉水传播。植株发病后，在病部产生大量孢子囊和游动孢子，借气流传播再侵染。该病在平均气温 18℃时开始发病，发病适温 28～30℃，在此期间若遇多雨季节则发病重，大雨过后暴晴最易发病、流行。长江中、下游一带，4～5 月为发病盛期，华北地区 7～8 月为发病盛期。连作地、排水不良、浇水过多、施用未腐熟栏肥、通风透光差的田块发病较重。

【防治方法】

(1)实行非瓜类作物轮作 3 年以上，采用地膜覆盖栽培，深沟高畦种植，施用充分腐熟有机栏肥。

(2)药剂浸种消毒。可用 72.2%普力克水剂 600 倍液或 64%杀毒矾可湿性粉剂 800 倍液，浸种 30 分钟后催芽。

(3)选择地势高燥、排水良好的田块，注意控制浇水次数，雨后及时排水，加强通风换气，发现中心病株，拔除深埋。

(4)化学防治。发病初期选用58%甲霜灵锰锌可湿性粉剂600倍液或72%杜邦克露可湿性粉剂800倍液、69%安克锰锌可湿性粉剂1 000倍液、52.5%抑快净水分散剂3 000倍液、72.2%普力克水溶性液剂800倍液、47%加瑞农可湿性粉剂800倍液、64%杀毒矾可湿性粉剂1 000倍液等喷雾。每隔7～10天1次,连续3～4次。注意交替使用,并根据农药安全间隔期有关规定进行,如64%杀毒矾可湿性粉剂安全间隔期为15天。

四、黄瓜枯萎病

【为害诊断】黄瓜枯萎病是一种维管束病害,主要症状表现为植株萎蔫。黄瓜开花期至坐果期为发病盛期。根茎染病,生长点呈失水状,根部腐烂,茎蔓稍缢缩,茎纵裂有松香状胶质物流出,湿度大时病部产生粉红色霉层,茎维管束变褐色。被害株最初表现为部分叶片萎蔫,中午下垂,晚上恢复,以后萎蔫叶片增多直至全株萎蔫死亡。幼苗染病,子叶先变黄、萎蔫,茎基部缢缩,变褐腐烂,易造成植株倒伏死亡。

【发病规律】病菌以菌丝、厚垣孢子或菌核在土中残体或种子上越冬,成为次年初侵染源。病菌可在土中存活5～6年。病菌借雨水、灌溉水和昆虫等传播。病菌从根部伤口、自然裂口或根毛细胞侵入,也可从茎基部的裂口侵入。后进入维管束,发育堵塞导管,造成叶片萎蔫。

该病是一种土传病害。病菌喜温暖潮湿的环境,发育适温为24～28℃,土壤含水量在20%～40%;发病潜育期10～25天。连作地病重,土壤湿度大病重,地下害虫多病重,时晴时雨或阴雨骤晴,病害容易发生流行。在长江中、下游地区黄瓜枯萎病在5～6月为盛发期。

【防治方法】

(1)选用抗病品种　如:长春密刺,津研2、6号,津杂2、3、4号,中农5号,鲁春1号,湘黄瓜1、2号等。

(2)避免连作　与十字花科作物实行3～5年的轮作,提倡水旱轮作。进行种子温汤浸种处理或药剂处理。

(3)嫁接防病　用云南黑籽南瓜或当地的白籽南瓜作砧木，黄瓜苗作接穗，采用靠接或插接法进行嫁接。嫁接后置于小拱棚中保温、保湿，控制白天温度28℃、夜间15℃、相对湿度90%左右，精心管理10～15天，成活后同常规管理。

(4)加强田间管理　采用地膜栽培，提倡施用腐熟有机栏肥，增施磷、钾肥和根外追肥，雨后及时开沟排水。保护地栽培注意通风透光，增强植株自身抗病能力。

(5)化学防治　在出现中心病株后，立即选择50%多菌灵可湿性粉剂800倍液或40%瓜枯宁可湿性粉剂1 000倍液、30%DT可湿性粉剂500倍液、10%宝丽安可湿性粉剂600倍液等进行灌根。每穴浇灌药液250毫升。每隔7～10天1次，连续2～3次。注意药剂交替使用，并根据农药安全间隔期有关规定进行。

五、瓜类蔓枯病

【为害诊断】黄瓜、南瓜、西葫芦、冬瓜等均可发病。主要发生于茎蔓、叶、果等部分。幼茎受害，初现水渍状小斑，病斑绕茎一周后，幼苗死亡。瓜蔓上发病多在基部分枝处或节部，病斑油渍状，灰褐色，椭圆形或梭形，稍凹陷，后软化变黑，绕茎一周使病部以上茎蔓枯萎，易折断，病部溢出琥珀色胶质物，干燥后红褐色，干缩纵裂，表面密生小黑点(分生孢子器)。子叶被害，病斑初为水渍状小点，后呈圆形或半圆形青灰色大病斑，进而扩展到整个子叶，使子叶枯死，在病部产生许多小黑点。叶部病斑圆形或不规则形，若在叶缘，产生"V"字形或半圆形黄褐色至淡褐色大病斑，直径1～3厘米，病斑轮纹不明显，后期散生小黑点，病部易破碎。卷须受害，可失水变褐枯死。叶柄发病则可造成叶片萎蔫。果实多在幼瓜期感染，初现水渍状小斑，扩大后为黑褐色大凹斑，星状裂开，果肉淡褐色，软化。本病症状与枯萎病的明显区别是维管束不变色，且仅限于发病节部以上枯死，病部有小黑点。

【发病规律】病菌主要以分生孢子器或假囊壳随病残体在土中

越冬，种子也可带菌。病残体中的病菌在旱地表土可存活 10 个月以上，在室内可存活 20 个月以上，在水中或湿土中仅存活 3 个月，种子上为 18 个月。第二年分生孢子或子囊孢子借流水和风、雨传播，从伤口、自然孔口或直接侵入。以当年病斑上产生的分生孢子进行再侵染。种子内带菌可直接引起子叶发病。病害的发生与温、湿度密切相关。高温、多雨、湿度大，病害发生严重。平均气温 22～25℃，空气相对湿度超过 85%有利于发病。重茬地、低洼积水、种植过密、湿度大、植株长势差的瓜地发病重。

【防治方法】

(1)选用无病种子和种子处理　选无病瓜留种，如种子有带菌嫌疑，可用 55℃的温水浸种 15 分钟，或用 50%福美双可湿性粉剂 500 倍液浸种 2 小时、80%402 的 4 000 倍液浸种 10 小时，可杀死病菌。

(2)加强田间管理　选择排水良好的高燥地种植，增施有机肥和磷、钾肥；雨季加强排水，发病后适当控制浇水；及时清除病叶，保护地注意通风排湿。

(3)轮作　实行与非瓜类作物 2～3 年轮作。

(4)化学防治　在发病初期用 40%福星乳油 8 000 倍液或 50%扑海因可湿性粉剂 1 500 倍液、75%百菌清可湿性粉剂 600 倍液、70%代森锰锌可湿性粉剂 500 倍液、50%多菌灵可湿性粉剂 800 倍液等药剂喷洒。每 5～7 天喷药 1 次，共 2～3 次。在保护地也可用百菌清烟熏剂熏烟防治。

六、黄瓜细菌性角斑病

【为害诊断】黄瓜角斑病主要为害叶片和瓜条，也能为害叶柄、茎蔓和卷须。苗期至成株期均可染病。苗期染病，在子叶上产生圆形水渍状凹陷病斑，后变黄褐色，逐渐干枯。叶片染病，初生针头大小水渍状斑点，逐渐扩大，因受叶脉限制而成为多角形，淡黄色至黄褐色，潮湿时，叶背产生乳白色黏液菌脓，干燥后形成白痕，病部易破裂穿孔。瓜条染病，出现水渍状小病斑，严重时连片成不规则形，并产生菌脓。病菌可以侵入种子，使种子带菌。茎蔓、叶柄和卷须染病，初现水渍状小斑，后扩大呈短条状，黄褐色，湿度大产生菌脓，严重时病部出现裂口，空气干燥时病部有白痕。

【发病规律】细菌随病残体在土壤中或以带菌种子越冬，为翌年初次侵染菌源。种子上的病菌在种皮和种子内部可存活 1～2 年。播种后直接侵染子叶，病菌在细胞间繁殖，借雨水反溅、棚顶水珠下落、昆虫等传播蔓延。从寄主自然孔口和伤口侵入，经 7～10 天潜育后出现病斑，潮湿时产生菌脓。

病菌喜温暖、潮湿的环境。发病适温为 18～28℃，相对湿度 80%以上，黄瓜最易感病时期是开花坐果期至采收盛期。长江流域黄瓜角斑病 4～6 月和 9～11 月为发病盛期。

【防治方法】

（1）选用耐病品种　如：津研 2 号、6 号，中农 8 号，津早 3 号等。

（2）种子消毒　用 50℃温水浸种 20 分钟，捞出晾干后催芽播种，或用种子重量 0.3%的 75%百菌清可湿性粉剂拌种后播种。

（3）栽培管理　与非瓜类作物轮作 2 年以上；清洁田园，生长期间和收获后及时清除病叶和病残体深埋；深翻土层，加速病残体的分解，减少菌源。

（4）化学防治　在发病初期，选用 77%可杀得可湿性粉剂 1 000 倍液或 47%加瑞农可湿性粉剂 800 倍液、14%络氨铜水剂 600 倍液、50%代森铵水剂 1 000 倍液、72%农用链霉素可湿性粉剂 4 000 倍液、50%DT 可湿性粉剂 500 倍液等药剂喷雾。每隔 5～7 天 1 次，连续 3～4 次。注意交替使用，并根据农药安全间隔期有关规定进行。

七、黄瓜根结线虫病

【为害诊断】主要发生在黄瓜根部的侧根和须根上。须根或侧根染病，产生瘤状大小不一的根结，浅黄色至黄褐色。解剖根结，病部组织中有许多细长蠕动的乳白色线虫寄生其中，根结之上一般可以长出细弱的新根，在侵染后形成根结肿瘤。轻病株地上部分症状表现不明显，发病严重时植株明显矮化，结瓜少而小，叶片褪绿，晴天中午萎蔫或逐渐枯黄，最后植株枯死。

【发病规律】该虫以幼虫或卵随根组织在土壤中越冬。病土、病根和灌溉水是其主要传播途径。一般在土壤中可存活 1～3 年。翌年春季在条件适宜时，雌虫产卵孵化成 2 龄幼虫侵入根尖，引起初次侵染。侵入的幼虫在根部组织中继续发育交尾产卵，产生新 2 龄幼虫，进入土壤中再侵染或越冬。线虫寄生后分泌的唾液刺激根部组织膨大，形成虫瘿或称根结。南方根结线虫生存最适温度 25～30℃，土壤含水量 50%左右，结瓜期最易发病。浙江地区黄瓜根结线虫在保护地栽培黄瓜上主要发生盛期在 5～6 月，露地秋黄瓜在 8～9 月。还可以为害番茄、茄子、萝卜等多种蔬菜作物。

【防治方法】

(1)轮作　与葱蒜、禾本科作物或水生蔬菜实行 2～3 年轮作，可基本消灭线虫。

(2)物理防治　保护地利用夏季换茬时节，深翻土层，然后高温闷棚或采用灌水 10～15 天杀死线虫。

(3)土壤消毒　每公顷用 3%米乐尔颗粒剂或 10%力满库 75 千克，沟施或穴施，整地后 3～5 天定植。

(4)化学防治　在作物生长期间，发病初期用药灌根，可选用 1.8%阿维菌素乳油 2 000 倍液，每株灌药液 250 毫升。

八、葫芦灰霉病

【为害诊断】葫芦灰霉病主要为害花、幼瓜、叶和茎。苗期至成株期均可染病。幼苗染病主要在叶和嫩茎上产生水渍状褪绿斑，后长出灰色霉层，造成幼苗枯死。成株期多从开败的雌花侵入，致花瓣腐烂，并长出淡褐色的霉层，即分生孢子和分生孢子梗，造成花瓣枯萎脱落。然后病害继续向幼果发展，果面皮层发黄，长出霉层，引起幼果腐烂。雄花同样容易感染灰霉病，引起枯萎脱落，多掉在叶片和茎上侵染发病。叶片受害，形成褐色圆形或不规则大病斑，病、健部分界明显，上生少量的灰霉。茎染病后湿度高时容易引起腐烂死亡。

【发病规律】病菌主要以菌丝、分生孢子或菌核随病残体在土壤中越冬。在环境条件适宜时，分生孢子借雨水、气流及农事操作等传播蔓延。病菌从伤口、残花等侵入，引起初次侵染。该病菌喜温暖潮湿的环境，发育适温在18～25℃，相对湿度90%以上；发病潜育期5～10天。早春雨水多、气温低、光照不足容易发生流行。3～5月和10～12月是长江中、下游地区葫芦灰霉病主要盛发期。地势低洼、连作田块、通风不良的田块发病较重。

【防治方法】

(1)轮作　实行非瓜类作物轮作3年以上。

(2)加强管理　选择地势高燥、排水良好的田块；雨后及时排水，加强通风换气，降低相对湿度；生长期及时摘除病叶、病花和病果，注意控制肥水次数，做到晴天浇水施肥，增施磷、钾肥等。

(3)烟熏或喷粉　发病初期或阴雨天气，可采用45%百菌清或一熏灵烟熏剂每公顷3.75千克进行熏蒸，或5%万霉灵粉尘剂每公顷15千克进行喷撒，提高防效。

(4)化学防治　发病初期开始喷药，每隔7～10天1次，连续2～3次。可用50%速克灵可湿性粉剂1 500倍液或50%农利灵可湿性粉剂1 000～1 500倍液、40%施佳乐悬浮剂1 000倍液、50%扑海因可湿性粉剂1 000～1 500倍液、70%甲基托布津可湿性粉剂800倍液、50%万霉灵可湿性粉剂1 000倍液等药剂喷雾。注意交替使用，并根据农药安全间隔期有关规定进行。

九、葫芦白粉病

【为害诊断】苗期至收获期均可染病。主要为害叶片，叶柄和茎受害次之，果实较少发病。叶片发病初期，产生白色粉状小圆斑，后逐渐扩大为不规则的白粉状霉斑。病斑可以连接成片，受害部分叶片逐渐发黄，后期病斑上产生许多黄褐色小粒点，即病菌的子囊壳。发生严重时，病叶变为褐色而枯死。

【发病规律】病菌随病残体在土壤中、花房月季花、保护地瓜类作物上越冬。翌年温、湿度条件适宜时，分生孢子萌发，通过气流或雨水传播侵染。浙江地区葫芦白粉病发生盛期，主要有4月上、中旬至7月下旬和9～11月。田间流行温度15～25℃。在时雨时晴，高温、干旱和高湿条件交替出现时，容易发生流行。

【防治方法】

(1)选用品种　因地制宜选用抗(耐)病品种。

(2)加强田间管理　及时摘除病、老叶，加强通风透光，增施磷、钾肥，提高抗病力。

(3)烟熏技术　白粉病发生初期，每50立方米用硫磺120克、锯末500克拌匀，分放几处，傍晚开始熏蒸一夜，第二天清晨开棚通风；或用45%百菌清烟熏剂每公顷3.75千克进行熏蒸。

(4)化学防治　在发病初期喷药。每隔7～10天1次，连续2～3次。药剂可选择40%福星乳油6 000倍液或10%世高水溶性颗粒剂1 000～1 500倍液、62.25%仙生可湿性粉剂600倍液、15%粉锈宁可湿性粉剂1 500倍液、75%百菌清可湿性粉剂600倍液等进行防治。晴天喷药，要求喷雾周到、足量。注意交替使用，并根据农药安全间隔期有关规定进行。

十、葫芦病毒病

【为害诊断】病株嫩叶上呈现深绿和浅绿色斑驳，植株矮小，叶片皱缩，后期叶片枯黄而死亡。重病株上部叶片畸形，呈鸡爪状，病株结瓜数少，瓜面具瘤状凸起或畸形。

【发病规律】该病由黄瓜花叶病毒(CMV)和甜瓜花叶病毒(MMV)等多种病毒单独或复合侵染所引起。该病在芹菜、菠菜、宿根性杂草上越冬。主要通过蚜虫和种子带菌传播；田间可通过农事操作和病健植株接触、摩擦汁液传播。一般高温、干旱季节，肥水不足、管理粗放、蚜虫为害重有利于发病。长江中、下游地区，葫芦病毒病有5～6月和9～11月两个发生盛期。一般秋季重于春季。

【防治方法】

(1)选用品种　因地制宜选用抗(耐)病品种。

(2)种子消毒　用种子重量的0.4%的病毒A粉剂拌种，或用10%磷酸三钠浸种20分钟，清水冲洗晾干后播种。

(3)田间管理　施足基肥，苗期遇高温、干旱，必须勤浇水，降温保湿，使植株根系生长健壮，提高抗病能力。

(4)防治蚜虫　及时防治蚜虫，做到田间连续灭蚜，减少蚜虫传毒。

(5)化学防治　防病初期可用20%病毒A可湿性粉剂500倍液或1.5%病毒灵乳油1 000倍液、3%菌毒清水剂300倍液、1.5%植病灵乳剂1 000倍液，每隔7～10天1次，连续3～4次。

十一、瓜绢螟

属于鳞翅目螟蛾科。学名 *Gtyphodes indica Satlnders*，又名瓜螟、瓜野螟。北起辽宁、内蒙古，南至国境线均有分布，长江以南密度较大。近年山东常有发生，为害也很重。主要为害丝瓜、苦瓜、黄瓜、甜瓜、西瓜、冬瓜、番茄、茄子等蔬菜作物。

【形态特征】成虫体长约11毫米，展翅约25毫米。头、胸部黑色，前翅白色略透明，有紫色闪光。翅前缘和外缘、后翅外缘呈黑色带。卵为扁平椭圆形，淡黄色，表面有网纹。幼虫共5龄，老熟幼虫体长约26毫米，体背面上有2条明显的白色纵带，气门黑色。蛹长约14毫米，深褐色，翅端达第6腹节，有白色薄茧。

【为害诊断】瓜绢螟在广东、广西年发生6代；浙江、上海年发生5～6代，世代重叠。多以老熟幼虫和蛹在枯叶或表土中越冬。浙江常年越冬代成虫在5月中旬至6月上旬灯下可见，8～10月为为害高峰期。成虫趋光性弱，昼伏夜出，平均每头雌虫可产卵300粒，卵多产于叶背。初孵幼虫取食嫩叶，残留表皮成网斑。3龄后开始吐丝卷叶为害。幼虫活泼，受惊吐丝下垂转移它处为害。老熟幼虫在卷叶内或表土中作茧化蛹。最适宜幼虫发育温度为26～30℃，相对湿度80%以上。卵历期2～4天，幼虫历期7～10天，蛹历期6～8天。

【防治方法】

(1)农业防治　秋冬季清洁瓜园，消灭枯叶中的越冬虫蛹。人工摘除卷叶。捏杀部分幼虫和蛹。

(2)化学防治　在二龄幼虫盛发期(未卷叶前)喷药1～2次。可选择25%杀虫双水剂500倍液或50%辛硫磷乳剂1 000倍液、5%锐劲特胶悬剂2 000～2 500倍液、52.5%农地乐乳油1 000倍液、20%菊·马乳剂3 000倍液等药剂。注意交替使用。各类农药使用严格按照安全间隔期有关规定进行。

十二、瓜蚜

属于同翅目蚜科。别名棉蚜。除西藏未见报道外，全国各地均有发生。主要为害黄瓜、南瓜、西葫芦、西瓜、豆类、茄子、菠菜、葱、洋葱等蔬菜及棉花、烟草、甜菜等农作物。

【形态特征】有翅胎生雌蚜体长1.2～1.9毫米，体黄色至深绿色。前胸背板黑色，且前后各有1条灰色带。夏季个体腹部多为淡黄色，春、秋季多为蓝黑色。触角6节，第3节感觉圈4～10个，一般为6～7个，几乎成一排；第4节感觉圈0～2个，第5节近端部有一个感觉圈。腹管圆筒形，黑色，表面具网纹。尾片圆锥形，具刚毛4～7根。无翅胎生雌蚜体长1.5～1.9毫米，夏季黄绿色，春、秋墨绿色。触角第3节无感觉圈，第5节有1个，第6节膨大部有3～4个。体表被薄蜡粉。尾片两侧各具毛3根。

【为害诊断】以成蚜及若蚜在叶背和嫩茎上吸食作物汁液。瓜苗嫩叶及生长点被害后，叶片卷缩，瓜苗萎蔫，甚至整株枯死。老叶受害，提前枯落，缩短结瓜期，造成减产。此外，还能传播病毒病。

【防治方法】参见桃蚜。但瓜类对吡虫啉较敏感，高温季节慎用。

十三、瓜蓟马

属于缨翅目蓟马科。又名棕榈蓟马、节瓜蓟马、棕黄蓟马。主要为害节瓜、黄瓜、西瓜、冬瓜、苦瓜、茄子、甜椒、豆类蔬菜等。

【形态特征】成虫体长约 1 毫米，金黄色，前胸后缘有缘鬃 6 根，翅透明细长，周缘有细长毛，前翅上脉基鬃 7 条，中部至端部 3 条。卵为长椭圆形，长 0.2 毫米，淡黄色。若虫共 4 龄，复眼红色，体黄白色。

【为害诊断】蓟马在广东年发生 20 多代，长江流域年发生 10～12 代，世代重叠严重。多以成虫在茄科、豆科、杂草或在土缝下、枯枝落叶中越冬，少数以若虫越冬。浙江常年越冬代成虫在 5 月上、中旬始见，6～7 月数量上升，8～9 月为为害高峰期。蓟马成虫有较强的趋黄性、趋嫩性和迁飞性，爬行敏捷、善跳、怕光，平均每头雌虫可产卵 50 粒。卵产于生长点及幼瓜的茸毛内。成虫寿命 6～25 天。可营两性生殖和孤雌生殖。初孵幼虫群集为害，1～2 龄多在植株幼嫩部位取食和活动，老熟若虫自落地入土发育为成虫。蓟马最适宜幼虫发育温度 25～30℃，土壤相对湿度 20%左右，若虫最适羽化。卵历期 5～6 天，若虫期 9～12 天。在夏秋高温季节发生严重。

瓜蓟马主要以成虫和若虫锉吸心叶、嫩梢、嫩芽、花和幼瓜的汁液，被害嫩叶嫩梢变硬缩小，植株生长缓慢，节间缩短；幼瓜受害出现畸形，毛茸变黑，造成落瓜，在瓜面出现黄褐色、褐色斑纹或锈皮，严重影响瓜条商品性。

【防治方法】

(1)农业防治　秋、冬季清洁瓜园和茄果园，消灭越冬虫源；加强肥水管理，使植株生长健壮，可减轻为害；采用营养钵育苗、地膜覆盖栽培等。

(2)黄板诱杀　在成虫盛发期内，在田间设置黄色粘虫板，有效诱杀成虫。

(3)化学防治　根据蓟马繁殖速度快，易成灾的特点，应注意在发生早期施药。当每株虫口达 3～5 头时，立即喷施。开始隔 5 天喷药 2 次，以压低虫口数量，以后视虫情隔 7～10 天喷 1 次，共喷 3～4次。可选择 10%一遍净可湿性粉剂 1 000 倍液或 20%康福多浓可溶剂 5 000 倍液、5％锐劲特胶悬剂 2 000～2 500 倍液、40％乙酰甲胺磷乳油、50％辛硫磷乳油 1 000 倍液等药剂。以上药剂注意交替使用。各类农药使用严格按照安全间隔期有关规定进行保护地密闭烟熏，效果较好。

十四、瓜实蝇

属双翅目实蝇科。又名黄瓜实蝇、瓜小实蝇、瓜大实蝇、针蜂、瓜蛆。主要分布在华东、华南及台湾、云南、四川、湖南等省。为害冬瓜、苦瓜、节瓜、南瓜、黄瓜、丝瓜、笋瓜等瓜类作物。

【形态特征】成虫体长 8 毫米，翅展 16 毫米，体形似蜂，黄褐色。前胸左右及中、后胸有黄色的纵带纹。翅膜质透明，杂有暗褐色斑纹。腹背第 4 节以后，有黑色的纵带纹。卵细长形，长约 0.8 毫米，一端稍尖，乳白色。老熟幼虫体长 10 毫米，蛆状，乳白色，具明显的黑色口沟。蛹长约 5 毫米，圆筒形，黄褐色。

【为害诊断】成虫以产卵管刺入幼瓜表皮内产卵。幼虫孵化后即钻进瓜内取食。受害瓜先局部变黄，而后全瓜腐烂变臭，大量落瓜，即使不腐烂，刺伤处也凝结着流胶，畸形下陷，果皮硬实，瓜味苦涩，品质下降。

【防治方法】

(1)毒饵诱杀成虫　用香蕉皮或菠萝皮(也可用南瓜、番薯煮熟经发酵)40 份、90％敌百虫晶体 0.5 份(或其他农药)、香精 1 份，加水调成糊状毒饵，直接涂在瓜棚篱竹上或装入容器挂于棚下，每 667 平方米 20 个点，每点放 25 克，能诱杀成虫。

(2)处理被害瓜　及时摘除被害瓜，喷药处理烂瓜、落瓜，并深埋。

(3)保护幼瓜　在严重地区，将幼瓜套纸袋，避免成虫产卵。

(4)化学防治　在成虫盛发期，选中午或傍晚喷洒 50％地蛆灵或 35％驱蛆磷乳油 2 000 倍液、2.5％溴氰菊酯乳油 3 000 倍液等均有效。因成虫出现期长，需隔 3～5 天喷 1 次，连续 2～3 次。在卵孵高峰期，喷洒 75％灭蝇胺(潜克)可湿性粉剂 5 000～7 000 倍液，隔 5～7 天 1 次，连续 2～3 次。

十五、黄足黄守瓜

属于鞘翅目叶甲科。又名黄守瓜黄足亚种、瓜守、黄虫、黄萤。分布东北、华北、华东、华南、西南等地。为害 19 科 69 种以上植物，以葫芦科为主，如黄瓜、南瓜、丝瓜、苦瓜、西瓜、甜瓜等，也可为害十字花科、茄科、豆科等蔬菜。

【形态特征】雌成虫体长 8～9 毫米，雄虫略小，为长椭圆形甲虫，黄色，仅中、后胸及腹部腹面为黑色，前胸背板中有一波形横凹沟。卵长 1 毫米，近球形，淡黄色，表面具六角形细纹。幼虫长约 12 毫米，头部黄褐色，体黄白色，臀板腹面有肉质凸起，上生微毛。蛹长约 9 毫米，裸蛹形，黄白色，头顶、腹部及尾端有粗短的刺。

【为害诊断】成虫取食瓜苗的叶和嫩茎，常引起死苗。也可为害花及幼瓜。幼虫主要在土中咬食瓜根，导致瓜苗整株枯死。还可蛀入接近地表的瓜内为害，引起腐烂。防治不及时，影响瓜果的品质和产量。

【防治方法】

(1)农业防治　温床育苗，可提早移栽，待成虫活动为害时，瓜苗已长大，可减轻为害；瓜类作物适当间作芹菜、甘蓝及莴苣等也可减轻为害。此外，采用地膜栽培或在瓜苗周围撒草木灰、烟草粉、糠秕、木屑等，可阻止成虫产卵。

(2)化学防治　防治成虫可用 40%氰戊菊酯乳油 4 000 倍液或 2.5%保得乳油 2 000 倍液、5%锐劲特悬浮剂 2 000 倍液。防治幼虫，可用 90%敌百虫 1 500～2 000 倍液、50%辛硫磷 1 000～1 500倍液灌根，或用 5%毒死蜱颗粒剂每公顷 45 千克沿茎基部均匀撒施。

十六、白粉虱

属同翅目粉虱科，又名小白蛾子。自 20 世纪 70 年代中期以来，随着温室大棚的发展而迅速扩散蔓延。主要为害黄瓜、菜豆、茄子、甜椒、花椰菜、白菜、莴苣、芹菜、花卉等。

【形态特征】成虫体长 1～1.5 毫米，淡黄色，翅面覆盖白色蜡粉，停息时双翅合拢成屋脊状，翅端半圆状遮住整个腹部，翅脉简单。沿翅外缘有一排小颗粒。卵长椭圆形，长约 0.2 毫米，有卵柄，长约 0.02 毫米。初产淡绿色，薄覆蜡粉，孵化前变黑色，并微有光泽。若虫共 4 龄，长椭圆形，老熟若虫体长约 0.5 毫米，称伪蛹，黄褐色，体背有长短不一的蜡丝，体侧有刺。

【为害诊断】成虫和若虫群集叶背吸食植株汁液。被害叶片褪绿、变黄、萎蔫，甚至全株死亡。由于该虫繁殖力极强，种群数量庞大，分泌大量蜜源，严重污染叶片和果实，引起煤污病的大发生，使蔬菜失去商品性。

【防治方法】

（1）农业防治　育苗前清除杂草和残留株，彻底熏蒸杀死残留虫源，培育无虫苗；避免黄瓜、番茄、豆类混栽或换茬，与十字花科蔬菜进行换茬，以减轻发生；田间作业时，结合整枝打杈，摘除植株下部枯黄老叶，以减少虫源。

（2）黄板诱杀　在白粉虱成虫盛发期内，在田间设置黄板与植株同样高度，可有效诱杀成虫。

（3）生物防治　在保护地白粉虱发生初期，0.5 头成虫/株时，按白粉虱与丽蚜小蜂 1∶2～4 比例，每隔 2 周放 1 次，共释放 3 次，可较好控制早期白粉虱的为害。

（4）化学防治　白粉虱世代重叠严重，繁殖速度快，所以要在白粉虱发生早期施药，每隔 5 天 1 次，连续喷 3～4 次。可选择 10%扑虱灵乳油 1 000 倍液或 20%康福多浓可溶剂 5 000 倍液、2.5%天王星乳油 3 000 倍液、20%灭扫利乳油 2 000～2 500 倍液等药剂。注意药剂的交替使用。各类农药使用应严格按照安全间隔期有关规定进行。

第七章　茄科蔬菜病虫害及防治

一、番茄灰霉病

【为害诊断】番茄花、果、叶、茎均可发病。果实染病，青果受害重。残留的柱头或花瓣多先被侵染，后向果实或果柄扩展，致使果皮呈灰白色，并生有厚厚的灰色霉层，呈水腐状。叶片发病多从叶尖开始，沿支脉间成“V”形向内扩展，初呈水浸状，展开后为黄褐色，边缘有深浅相间的纹状线。病、健组织界限分明。茎染病时开始呈水渍状小点，后扩展为长圆形或条状病斑，浅褐色。湿度大时病斑表面生灰色霉层，严重时致病部以上枯死。

【发病规律】该病主要发生在大棚内。病菌主要以菌核在土壤中或以菌丝体及分生孢子在病残体上越冬或越夏。条件适宜时，菌核萌发，产生菌丝体和分生孢子。温度20～30℃、相对湿度90％以上是该病发生的适宜条件。保护地一般从12月至翌年5月易发病。病菌借气流、灌溉水及农事操作传播。蘸花是主要的人为传播途径。病菌从伤口、衰老器官等枯死的组织中侵入。花期是侵染高峰期。一般12月至翌年5月，气温20℃左右，相对湿度持续90％以上的高湿状态易发病。此外，密度过高、管理不及时都会加快此病的扩展。

【防治方法】

(1)生态防治　保护地主要是控制棚室温、湿度。一般上午迟放风，超过30℃开始放风，当降到25℃时，中午继续放风，下午温度维持在20～25℃，至20℃时停止放风，以使夜间温度保持在15～17℃，阴天打开通风口换气。

(2)加强栽培管理　定植时施足底肥；避免阴、雨天浇水，浇水后应放风排湿；发病后控制浇水和施肥，病果、病叶及时摘除，并集中处理;拉秧后及时清除病残体,并注意农事操作卫生,防止染病。

(3)化学防治 重点抓住移栽前、开花期和果实膨大期三个关键用药期。①移栽前用50%速克灵可湿性粉剂1 500~2 000倍液或50%扑海因可湿性粉剂1 500倍液喷淋幼苗。②蘸花药。定植后结合蘸花施药,即在配好的2,4-D或防落素稀释液中加入0.1%的50%扑海因可湿性粉剂、50%多菌灵可湿性粉剂、0.2%~0.3%的25%甲霜灵可湿性粉剂进行蘸花或涂抹。单用“保果灵1号”可湿性粉剂效果良好,即每克对热水0.5升充分搅拌,冷却后蘸花。③催果药。在浇催果水前或初发病时施药。④药剂防治可选用50%速克灵可湿性粉剂2 000倍液或50%扑海因可湿性粉剂1 500倍液、60%防霉宝超微粉剂600倍液、2%武夷霉素水剂150倍液、50%农利灵可湿性粉剂1 500倍液、40%施佳乐悬浮剂800倍液等喷雾。⑤烟雾施药。可选用10%速克灵烟剂或45%百菌清烟剂,每667平方米每次250克;或3%噻菌灵烟剂,每667平方米每次250克。⑥粉尘施药。可选用5%百菌清粉尘剂,每公顷每次15千克,用丰收5型或10型喷粉器喷粉,每7~10天用1次,连施2~3次。

二、番茄晚疫病

【为害诊断】幼苗、成株均可发病。为害叶、茎、果,但以成株期的叶片和青果受害较重。幼苗感病出现暗绿色水渍状病斑,由叶片向主茎发展,使叶柄和茎变细呈黑褐色而腐烂折倒,全株萎蔫。湿度大时病部产生白色霉层。幼茎基部发病,形成水渍状缢缩,幼苗萎蔫或倒伏。成株期叶片染病多从下部叶片开始,形成暗绿色水渍状边缘不明显的病斑,扩大后呈褐色。湿度大时叶背病健交界处出现白霉,干燥时病部干枯,脆而易破。茎部病斑最初呈黑色凹陷,后变黑褐腐烂,易引起主茎病部以上枝叶萎蔫。青果染病,病斑呈油渍状暗绿色,后变黑褐色,稍凹陷,病部较硬,边缘呈明显的云纹状。湿度大时生白霉,迅速腐烂。

【发病规律】此病由致病疫霉真菌侵染引起。大棚、露地均可发生。病菌主要在冬季栽培的番茄及马铃薯块茎中越冬，有时可以厚垣孢子在落入土中的病残体上越冬。借气流或雨水传播，从气孔或表皮直接侵入，在田间形成中心病株。病菌的菌丝体在寄主细胞间或细胞内扩展蔓延，经 3～4 天潜育，病部长出菌丝和孢子囊，借风雨传播，进行多次重复侵染，引起该病流行。低温、潮湿是该病发生的主要条件。温度在 18～22℃、相对湿度在 95%～100%时利于发生和流行。当叶片上有水滴存在时，孢子囊和游动孢子萌发。温度在 20～23℃时菌丝生长最快。是否发病与流行决定于水滴或水膜的存在。偏施氮肥、底肥不足、连阴雨、光照不足、通风不良、浇水过多、密度过大均利于该病发生。病菌经气流、灌溉水进行传播、再侵染。该病为多次重复侵染的流行性病害。

【防治方法】

(1)农业防治　选用抗病品种，如中蔬 4 号、中蔬 5 号、强丰、佳粉、中杂 4 号等品种；与非茄科作物实行 3 年以上轮作；加强肥水管理，晴天浇水，并防止大水漫灌，保护地浇灌后适时通风，施足底肥，采用配方施肥；合理密植，及时整枝，改善通风透光条件；及时清除中心病叶或病株。

(2)化学防治　发现中心病株后及时施药效果良好。①喷药。可选用 72%霜脲锰锌(杜邦克露)可湿性粉剂 800 倍液或 60%安克锰锌可湿性粉剂 1 500 倍液、25%雷多米尔可湿性粉剂 800 倍液、72%普力克(霜霉威)水剂 600 倍液、40%疫霉灵可湿性粉剂 250 倍液、58%甲霜灵锰锌可湿性粉剂 500 倍液、64%杀毒矾可湿性粉剂 500 倍液、10%科佳悬浮剂 2 000 倍液。②施粉尘。可选用 5%霜脲锰锌粉尘剂每公顷每次 1 千克，或 5%百菌清粉尘剂每公顷每次 15 千克，于傍晚棚室封棚前施药，过夜即可。间隔 7～8 天一次，连续 3～4 次。③施烟雾。每次可选用 45%百菌清烟剂 3.75 千克/公顷，傍晚施药，封闭棚室。④灌根。可选用 50%甲霜铜可湿性粉剂 600 倍液或 60%琥・乙膦铝可湿性粉剂 400 倍液，每株灌药液 300 毫升左右即可。

三、番茄叶霉病

【为害诊断】主要为害叶片，严重时也为害茎、果、花。叶片被害时，叶背面出现不规则或椭圆形淡黄或淡绿色的褪绿斑，初生白色霉层，后变成灰褐色或黑褐色绒状霉层。叶片正面淡黄色，边缘不明显，严重时病叶干枯卷曲而死亡。病株下部叶片先发病，逐渐向上部叶片蔓延。严重时可引起全株叶片卷曲。果实染病，从蒂部向四周扩展，果面形成黑色、不规则形斑块，硬化凹陷。

【发病规律】该病也是大棚蔬菜主要病害之一。病菌主要以菌丝体或菌丝块在病株残体内越冬，也可以分生孢子附着在种子或以菌丝体在种皮内越冬。第二年遗留在田间的病残体，如遇适宜的环境条件，产生分生孢子，借气流传播，从叶背的气孔侵入，还可从萼片、花梗等部分侵入，并进入子房，潜伏在种皮上。病菌发育温度 9～34℃，一般气温 20～25℃、相对湿度 90%以上利于病菌侵染和病害发生。高温、高湿有利于发病，但湿度是影响发病的主要因素。因此，遇阴雨天气和弱光照，病害将发生严重。

【防治方法】

(1)合理安排轮作　安排与瓜类或其他蔬菜进行 3 年以上轮作，以降低土壤中菌源基数。

(2)温室消毒　栽苗前按每 110 平方米用硫磺粉 0.25 千克的剂量和 0.50 千克的锯末混合，点燃熏闷一夜，过一天以后再进行栽苗；或用 45%百菌清烟剂按每 110 平方米用 0.25 千克的剂量熏闷一昼夜进行室内和表土消毒。

(3)高温闷棚　选择晴天中午，采取两小时左右的 30～33℃高温处理，然后及时通风降温，对病原有较好的控制作用。

(4)生态防治　加强棚内温、湿度管理，适时通风，适当控制浇水，浇水后及时通风降湿，连阴雨天和发病后控制灌水。合理密植，及时整枝打杈，以利通风透光。实施配方施肥，避免氮肥过多，适当增加磷、钾肥。

(5)化学防治　①喷雾。初见病后及时摘除病叶，喷洒药液全面防治，要注意叶背面的防治。可用2%武夷霉素（130-10）水剂150倍液或40%福星乳油6 000～8 000倍液、50%扑海因可湿性粉剂1 500倍液、60%防霉宝超微粉剂600倍液、70%甲基托布津可湿性粉剂800～1 000倍液、47%加瑞农可湿性粉剂600～800倍液等。每7～8天1次，连喷2～3次。②粉尘或烟雾。傍晚时喷撒粉尘剂或释放烟雾剂防治。常用的有5%加瑞农粉尘剂、5%百菌清粉尘剂、7%叶面净粉尘剂、10%敌托粉尘剂等，每公顷每次15千克，7～8天1次；或45%百菌清烟剂每公顷每次2.75～4.5千克。

四、番茄早疫病

【为害诊断】苗期发病，幼苗的茎基部生暗褐色病斑，稍凹陷，有轮纹。成株期叶片发病初呈水渍状暗绿色病斑，扩大后呈圆形或不规则形的轮纹斑，边缘多具浅绿色或黄色晕环，中部具同心轮纹，潮湿时病斑上长出黑色霉层。病叶一般由植株下部向上发展，严重时叶片脱落。茎部病斑多着生在分枝处及叶柄基部，呈褐色至深褐色不规则圆形或椭圆形病斑，凹陷，有时龟裂，严重时造成断枝。青果染病，始于花萼附近，初为椭圆形或不规则形褐色或黑色斑，凹陷，后期果实开裂，病部较硬，密生黑色霉层。

【发病规律】此病由茄链格孢属真菌侵染所致，病菌主要以菌丝体和分生孢子在病残体或种子上越冬。通过气流、灌溉水及农事操作进行传播。从气孔、伤口或表皮直接侵入。病菌生长适温为26～28℃。一般在高温、高湿条件下发病重，发病流行速度快。

【防治方法】

（1）农业防治　施足充分腐熟的有机肥，灌水、追肥要及时；选择抗病品种；轮作换茬；合理密植。

（2）生态防治　调整好棚室内温湿度，特别是早春番茄定植初期，闷棚时间不宜过长，防止棚室内湿度过大、温度过高。

（3）化学防治　粉尘施药，于发病初期喷撒5%百菌粉尘剂，每公顷每次15千克，每9天一次，连喷3～4次；烟雾施药，可选用

45%百菌清烟剂或10%速克灵烟剂;喷雾施药,在发病初期,选用50%农利灵可湿性粉剂或50%扑海因可湿性粉剂1 000倍液、75%百菌清可湿性粉剂600倍液、64%杀毒矾可湿性粉剂500倍液、58%甲霜灵可湿性粉剂500倍液等药剂。

五、番茄青枯病

【为害诊断】由细菌引起的维管束病害。病株中午萎蔫,傍晚恢复,2～3天后枯死,植株仍为青色,可见维管束变黑褐色,髓部变褐色、腐烂,用手挤压有白色细菌黏液溢出。高温、高湿利于发病。

【发病规律】病原细菌主要随病残体在田间或马铃薯块上越冬。无寄主时,病菌可在土中营腐生生活长达14个月,成为该病主要初侵染源。该菌主要通过雨水和灌溉水传播,病薯块及带菌肥料也可带菌。病菌从根部或茎基部伤口侵入,在植株体内的维管束组织中扩展,造成导管堵塞及细胞中毒。病菌在10～40℃下均可发育,30～37℃最适,最适pH值6.6。微酸性土壤发病重。在土壤含水量超过25%时,植株生长不良,久雨或大雨后转晴发病重。

【防治方法】

(1)轮作　实行与十字花科蔬菜或禾本科作物4年以上轮作,水旱轮作最好。

(2)加强栽培管理　采用高畦栽培;加强排水;育过冬苗,早定植;增施石灰,调节酸碱度,土壤提前翻犁晒白;及时拔草除病株,并施石灰于穴中。

(3)化学防治　发病初期用150～200微升/升农用链霉素或77%可杀得可湿性粉剂500倍液、12%绿乳铜乳油500倍液灌根,每株0.3千克。每10天1次,共灌2～3次。

六、番茄枯萎病

【为害诊断】番茄枯萎病是一种维管束病害,开花结果期始发。发病初期下部叶片发黄,继而变褐色、干枯,但枯叶不脱落,仍连在茎上。有时这种症状仅表现在茎的一侧。该侧叶片发黄，变褐后枯死，而另一侧茎上的叶片仍正常；有的半个叶序变黄，或在一片叶上半边发黄、另半边正常。也有的从植株距地面近的叶序始发，逐渐向上蔓延，除顶端数片完好外，其余均枯死。剖开病茎，维管束变褐。湿度大时，病部产生粉红色霉层，即病菌的分生孢子梗和分生孢子。该病的病程进展较慢，一般 15～30 天才枯死，无乳白色黏液流出，有别于青枯病。

【发病规律】病菌以菌丝体或厚垣孢子随病残体在土壤中或附着在种子上越冬。病菌能在土壤中可营腐生生活。番茄移植时，如根部或茎部受伤，土壤中的病菌可从幼根或伤口侵入，进入维管束，在植株维管束内蔓延，堵塞导管，并产生有毒物质(镰刀菌素)。这种毒素随疏导组织逐渐扩散，导致病株叶片枯黄而死，直至全株枯死。播种带菌幼苗，可以引起幼苗发病。病菌通过水流或灌溉水传播蔓延。土温 28℃时最适宜于病害的发生，土温在 33℃以上或 21℃以下时不利于病害的发生。土层厚、土壤疏松、透气性好的田块发病较轻；而土层浅、土壤潮湿、板结、透气性差的田块发病较重。连作地、移栽或中耕时伤根多、植株生长势弱的发病重。此外，酸性土壤及线虫取食造成伤口利于该病发生。

【防治方法】

(1)选用抗耐病品种　选用苏抗 5 号、西安大红、蜀早 3 号、渝抗 4 号、强力米寿、佛洛雷德、强丰、皖红 1 号、满丝等耐病品种。

(2)栽培管理　实行 3 年以上轮作；施用充分腐熟的有机肥，采用配方施肥技术，适当增施钾肥，提高植株抗病力。

(3)采用新土育苗或床土消毒　每平方米床面用 50％多菌灵可湿性粉剂或 70％甲基托布津可湿性粉剂 8～10 克，加堰土 4～5 千克拌匀，先将 1/3 药土撒在畦面上，然后播种，再把其余药土覆在种子上。

(4)种子消毒　用 0.1％硫酸铜浸种 5 分钟，洗净后催芽，播种。

(5)化学防治　发病初期喷洒 50％多菌灵可湿性粉剂或 36％

甲基硫菌灵悬浮剂500倍液、70%甲基托布津可湿性粉剂700倍液、75%百菌清可湿性粉剂800倍液、40%瓜枯宁可湿性粉剂800倍液、10%双效灵水剂、12.5%增效多菌灵可溶性粉剂200倍液灌根。每株灌兑好的药液200毫升。隔7～10天1次，连续灌3～4次。

七、番茄溃疡病

番茄溃疡病是1985年在北京市平谷县首次发现的一种危险性病害。我国已将其列为检疫性病害。

【为害诊断】番茄幼苗至结果期均可发生溃疡病。幼苗染病始于叶缘，由下部向上逐渐萎蔫，有的在胚轴或叶柄处产生溃疡状凹陷条斑，致病株矮化或枯死。成株染病，病菌在韧皮部及髓部迅速扩展，发病初期下部叶片萎蔫下垂，似缺水状，一侧或部分小叶凋萎；茎内部变褐，并向上下扩展，长度可由一节扩展到几节，后期产生长短不一的空腔，最后下陷或开裂，茎略变粗，生出许多不定根。多雨或湿度大时菌脓从病茎或叶柄中溢出或附在其上，形成白色污状物，后期茎内变褐以至中空，最后全株枯死，上部顶叶呈青枯状。果柄受害多由茎扩展进去，其韧皮部及髓部出现褐色腐烂，一直可伸延到果内，致幼果皱缩、滞育、畸形和种子带菌。有时引起局部侵染，萼片表面生坏死斑，果面可见略隆起的白色圆点，单个的病斑直径为3毫米左右，中央为褐色木栓化凸起，称为“鸟眼斑”，有时连在一起形成不定形的病区。“鸟眼斑”是病果的一种特异性症状，由再侵染引起，不一定与茎部系统侵染同发生于一株。

【发病规律】病菌可在种子内、外及病残体上越冬，并可随病残体在土壤中存活2～3年。该菌主要由各种伤口侵入，包括损伤的叶片、幼根，也可从植株茎部或花柄处侵入，经维管束进入果实的胚，侵染种子脐部或种皮，致种子内带菌。当病、健果混合采收时，病菌会污染种子，造成种子外带菌，种子带菌率为1%～5%，严重时可达53.4%。此外，病菌也可从叶片毛状体及幼嫩果实表皮直接侵入。该病远距离传播主要靠种子、种苗及未加工果实的调运；

近距离传播主要靠雨水及灌溉水，特别是连阴雨及暴风雨，通过分苗移栽及整枝打杈等农事操作进行传播蔓延，病菌一旦侵入，通过韧皮部在寄主体内扩展。温暖潮湿、结露持续时间长及暴雨多时发病重。有喷灌的大棚或温室果实易显症。

【防治方法】

(1)种子检疫　对番茄生产用种严格检疫，严防其传播蔓延。建立无病留种地，从无病株采种，必要时用55℃温水浸种30分钟，或70℃干热灭菌72小时，或5%盐酸浸5～10小时，或1.05%次氯酸钠浸20～40分钟或硫酸链霉素200毫克/千克浸2小时，然后冲净晾干后催芽。

(2)苗床处理　使用新苗床或采用营养钵育苗，老苗床用40%福尔马林30毫升加3～4升水消毒，用塑料膜盖5天，揭开后过15天再播种。

(3)农业防治　与非茄科作物实行3年以上轮作；及时除草；避免带露水操作。

(4)化学防治　发现病株及时拔除，全田喷洒。可选用20%龙克菌悬浮剂500倍液或77%可杀得可湿性微粒粉剂500倍液、14%络氨铜水剂300倍液、12%绿乳铜乳油500倍液、47%加瑞农可湿性粉剂600倍液，或1∶1∶200波尔多液、50%琥胶肥酸铜可湿性粉剂500倍液、60%琥·乙膦铝(DTM)可湿性粉剂500倍液、72%农用硫酸链霉素可溶性粉剂4 000倍液等药剂。

(5)积极选育抗病品种　目前，国内种植的中蔬4号、强丰、佳粉1、佳粉2号、早粉、东农704、东农402、特洛皮克等均有受害记录，不抗病，但野生番茄高抗，可用于培育抗病品种。

八、番茄病毒病

【为害诊断】番茄病毒病主要有三种类型：①花叶型。叶片上出现黄绿相间或深浅相间的斑驳，叶脉透明，叶片略有皱缩，病株略矮，新叶小，结果小，果实表面质劣，多呈花脸状。②蕨叶型。由上部叶片开始部分或全部变成条状，中、下部叶片向上微卷。花瓣增大，形成“巨花”。植株不同程度矮化。③条斑型。主要表现在果实和茎上。叶片上表现茶褐色斑点或花叶，背部叶脉紫色；茎上出现暗绿色到黑褐色下陷的油渍状坏死条斑，病茎质脆，易折断；果实上多形成不同形状的褐色斑块，但变色部分仅在表层组织，不深入到茎和果肉内部，随着果实发育，病部凹陷而成为畸形僵果。

【发病规律】一般春季大棚番茄前期该病较轻，进入 5 月以后，蕨叶和花叶开始加重。秋延后番茄病毒病比春大棚严重，主要为蕨叶和条斑病毒。棚室昼夜温差小、播期早、定植苗龄大、均可加重病毒病的为害。高温、干旱，蚜虫为害重，植株生长势弱，重茬等，均易引起病毒病的发生。传播途径是通过摩擦、打杈、绑架等作业时接触传播，也可通过蚜虫、机械传播。

【防治方法】

(1)农业防治　①选用抗病品种。冬春茬可行选用佳粉 1 号、苏抗 5 号、苏抗 8 号、苏抗 9 号、西粉 3 号、早丰等。秋延后栽培可选用强丰、中蔬 4 号、中蔬 5 号、毛粉 802、佳粉 10、佳粉 15 等。②选用无病种子和种子处理。种子应从无病株上选留；种子处理可在播前用清水浸泡 4 小时，捞出后放入 10%磷酸三钠液中浸 20 分钟，再捞出用清水冲洗干净后催芽播种。③加强栽培管理。合理轮作，收获后及时清除病残株，培育无病壮苗、注意田间操作中手和工具的消毒。

(2)及时防治蚜虫　可用 10%吡虫啉(蚜虱净、大功臣等)可湿性粉剂 2 000～2 500 倍液或 0.4%杀蚜素水剂 200～400 倍液，减少蚜虫传毒机会。

(3)生物制剂防治　在番茄分苗、定植、绑蔓、打杈前先喷 1%肥皂水加 0.2%～0.4%的磷酸二氢钾或 1∶20～40 的豆浆或豆奶粉，预防接触传染。在定植前后各喷 1 次 NS-83 增抗剂 100 倍液，能增强番茄耐病性，又可提高产量。同时还可用 20%病毒 A 可湿性粉剂 500 倍液防治。

九、番茄根结线虫病

【为害诊断】主要发生在根部的须根或侧根上。病部产生肥肿畸形瘤状结，解剖根结有很小的乳白色线虫埋于其内。一般在根结之上可生出细弱新根，如果再度染病则形成根结状肿瘤。地上部轻病株症状不明显，重病株矮小，生育不良，结实少，干旱时中午萎蔫或提早枯死。

【发病规律】根结线虫常以 2 龄幼虫或卵随病残体遗留在土壤中越冬。在土壤中可存活 1～3 年。翌年条件适宜，越冬卵孵化为幼虫，继续发育，并侵入寄主，刺激根部细胞增生，形成根结或瘤。线虫发育至 4 龄时，交尾产卵，雄虫离开寄主进入土中，不久即死亡。卵在根结里孵化发育，2 龄后离开卵壳，进入土中进行再侵染或越冬。初侵染源主要是病土、病苗及灌溉水。土温 25～30℃、土壤持水量 40％左右时，病原线虫发育快；10℃以下幼虫停止活动，55℃经 10 分钟死亡。地势高燥、土壤质地疏松、盐分低的条件适宜于线虫活动，有利于发病。连作地发病重。

【防治方法】

(1)农业措施　合理轮作特别是水旱轮作有利于减轻线虫病发生；选用无病土育苗，培育健壮苗。根结线虫多分布在 3～9 厘米表土层，深翻可减少为害。

(2)番茄生长期间发生线虫，应加强田间管理，彻底处理病残体，集中烧毁或深埋。与此同时，合理施肥和灌水以增强寄主抵抗力。

(3)药剂处理　在播种或定植时，穴施 10％力满库颗粒剂，每公顷 75 千克；或 5％力满库颗粒剂，每公顷 150 千克。

十、番茄脐腐病

【为害诊断】该病为水分供应失调和缺钙、缺硼引起的生理性病害。初在幼果脐部出现水渍状暗绿色，后逐渐扩大成圆形凹陷，并逐渐变褐、变黑。黑色斑块圆形，质硬。一般从第一、二果穗开始发生。若遇潮湿环境,病果上有时有霉菌腐生,常易与霉病和菌核病相混淆。如果植株无病叶,病果的病健交界明显,则为脐腐病;若病健交界处有轮纹状黑霉或病健交界不明显,且质较软,植株上有明显的病叶,应考虑为病害所致。再则也可将病果保湿培养,若病斑上长灰霉或白色菌丝,则为灰霉病或菌核病。

【发病规律】番茄脐腐病可由植株在生育期因水分供应不均匀或土壤氮素营养过剩造成生理缺钙等多种因素引起。若水分供应不均匀,一般在第一果穗坐果之后,植株处于生育旺盛阶段,遇干旱,特别是大棚栽培的,为预防灰霉病或菌核病的发生,都采取降湿栽培措施,当叶片蒸腾需消耗大量水分,与果实进行争夺,水分被叶片所夺,使果实特别是脐部的水分被叶片夺走时,造成果实内部水分失调,果实的生长发育受阻,形成脐腐。也有的是由于偏施氮肥,造成植株氮营养过剩,植株生长过旺,使番茄不能从土壤中吸收足够的钙和硼营养,致使脐部细胞生理紊乱,失去控制水分的能力。有时在沿江的砂壤土,因土壤含盐量较高,也易引发缺钙的生理障碍。一般在土壤中硼的含量低于 0.5 毫克/千克或果实中钙的含量若低于 0.2%,均易引发脐腐病的发生。

【防治方法】

(1)肥水管理　适时、适量灌水,或采用地膜覆盖保持土壤湿润,既满足番茄生长发育需消耗大量的水分,又可控制真菌性病害的发生、蔓延。增施有机肥料,特别是基肥,应尽量多施农家厩肥或腐熟的堆肥,使土壤营养保持一个良性循环的环境。

(2)喷施叶面肥　结合病虫防治,可喷施多元素叶面肥或爱多收、活力素等含硼、钙等营养元素的叶面肥。

(3)注意其他病害的并发　由于水分供应的失调和生理性硼、钙营养元素的缺乏,导致果实细胞生理的紊乱,因而极易诱发其他真菌性病害的并发症,应及时注意防治。

十一、番茄筋腐病

【为害诊断】番茄筋腐病是保护地番茄栽培中常发生的为害果

实的生理病害，病果率可达20%～35%。主要症状是果实着色不匀，横切后可见果肉维管束组织呈黑褐色。发病较轻的果实，部分维管束变褐、坏死，果实外形虽无变化，但维管束变褐部位不转红。发病较重的果实，果肉维管束全部呈黑褐色，病果胎座组织发育不良，部分果实伴有空腔发生，果实表面呈明显的红绿不均。严重时发病部位呈淡褐色，表面变硬。除轻微发病的果实外，均无商品价值。发病植株的茎、叶无明显症状。

番茄筋腐病的发病时期因栽培方式的不同而异。对于越冬栽培的番茄多在第二、第三穗果大量发生，对于冬春栽培的番茄多在第一、第二穗果大量发生。病果在转红期暴露病症。

【发病规律】主要是日照不足、低温、多肥、过湿、缺钾、地下水位高、土壤板结等因素造成的。

【防治方法】

(1)选择抗病品种　目前，西粉3号和早丰病果率较低，可作为重发地区的主栽品种，但在不同地区的发病情况有所不同。

(2)轮作换茬　大棚栽培作物种类较少，轮作换茬比较困难，对于轮作换茬一般也不重视。重发病大棚实行轮作换茬尤为必要，以利于缓和土壤养分的失衡状态。

(3)加强管理　保护地番茄栽培，要避免光照不足、多肥、土壤供氧不足等现象。要注意改善光照条件，增加保护地覆盖材料的透光率。幼苗定植不要过密和生长不要过于繁茂，冬春茬栽培苗龄不小于60天。

(4)合理施肥　适量合理施用化肥，氮、磷、钾肥配合适当，避免偏施氮肥，尤其注意不要过量施用氨态氮肥。增施钾肥，多施用腐熟有机肥，改善土壤物理性状，增强土壤保水、排水能力和通透性。增施二氧化碳气肥，最大限度提高光合作用。果实坐果后，15～20天喷施磷酸二氢钾等复合微肥，连施2～3次。

(5)适当灌水　一次不要灌水过多，保持土壤适宜湿度。雨后注意排水。

十二、番茄空洞果

【为害诊断】在果肉部与果腔部之间出现空隙。程度轻的空洞果尚可有商品性，程度重的无商品价值。

【防治方法】尽可能地多供应同化养分，使果实得到充足的营养，减少空洞果的产生。花蕾易脱落的苗，一般是其根部的发育较差，根的数量也少，同化作用较弱。使用生长激素促进坐果，容易产生空洞果。如果减少坐果数，空洞果的发生将会减少。植株具有好的花芽，由于移植时受伤，形成老化苗，在大田定植根系发育不好，容易引起叶的老化，同化作用减弱。要根据植株的生长势，按比例地坐果，并促使果实慢慢地膨大，供给充足的养分，减少空洞果的发生。叶面积少的时候，第一花序大量坐果，植株底部的果实，所需的同化养分是由全株供给的，空洞果较少。但上部果实得到的同化养分少，易形成空洞果。同化养分不足时，果实不能很好地膨大，养分极少时就根本不能坐果。在同一花序中，从第一朵花到第五、六朵花的开花时间不集中，会引起果实间对同化养分的争夺，迟开花的果就会形成空洞果。因此，在同一花序上，要使同时开花的3～4朵花一起用生长刺激素处理。土壤中氮肥多、水分多、夜间温度高的时候，开花日期容易不齐。相反，在土壤稍微干燥、夜间温度又低时，开花较整齐。夜间温度高，特别是施了氮肥和浇了水后，同化养分大都分配给植株，而果实却分配得很少。在这种情况下有必要进行摘心。根据不同的环境条件，为了增大叶面积，可摘掉一部分果实来增加叶片数，以使同化养分增加，防止空洞果的出现。少用植物生长调节剂促进坐果，以人工授粉为主，辅以生长调节剂。在保证一定坐果数的情况下，减少使用生长调节剂的次数，减少进入植物体内的生长调节剂的量，最好不要用高浓度的生长调节剂来处理未成熟的花朵。

十三、番茄裂果

【为害诊断】成熟时，在果蒂附近发生放射状的裂痕，为放射性裂果。在果肩部出现同心状的龟裂，为同心状裂果。很多裂果是两种裂果现象同时出现的混合型裂果。从栽培类型来说，夏天露地栽培的番茄和秋季塑料薄膜温室栽培的番茄发生裂果较多。高温干燥时期也易发生裂果。

【防治方法】预防裂果的方法，主要是防止果实的老化，以及由于降雨造成土壤水分含量的急剧增加。避免雨水与果面的直接接触也很重要。果皮的老化是由日光直射果皮引起的。番茄坐果后的叶片可对果实起到遮阴保护作用。如果阳光很强，也可用报纸做成纸筒套在花序上。在果实的上方如能有大的叶片把果实遮住，防病效果较好。在摘心栽培中，对一些上部果实和叶片较小的品种要多加注意，及时采取防止裂果的措施。土壤中钙和硼含量少也易引起果皮的老化。应充分供应钙肥和钾肥，并使植株很好的吸收。在干燥情况下，钙的吸收变差，在多肥、多钾的情况下，钙的吸收也会受到影响。要注意土壤深耕，并施上适当数量的基肥，使根能充分地生长，很好地吸收养分和水分。另外，要注意适当灌水，避免干旱后下雨造成土壤中水分的急剧增加。加强土壤管理，使根能向深部扩伸。

十四、番茄日烧病

【为害诊断】田间多见日烧病发生于果实上，形成日烧果。多是膨大期绿果出现日烧。果实的向阳面出现大块褪绿变白的病斑，与周围健全组织界限比较明显，病斑部后期变干、革质状、变薄、组织坏死。有时叶片也可出现日烧，初期叶的一部分褪绿，以后变成漂白状，最后变黄枯死。

【防治方法】

(1)注意合理密植，适时、适度整枝打杈，使茎叶相互掩蔽，果实不受阳光直射。

(2)注意作物行向，一般南北行向日烧病发病较轻。

(3)温室、大棚温度过高时，及时通风，促使叶面、果面温度下降，或及时灌水降低植株体温。阳光过强时，可隔畦覆盖帘子或覆盖遮阳网。喷施 85%比久(B9)可溶性水剂 2 000～3 000 微升/升或 0.1%硫酸锌或者硫酸铜,增强番茄抗日烧能力。

十五、番茄 2,4-D 药害

【为害诊断】2,4-D 药害可表现在叶片和果实上。叶片药害表现为叶片下弯、僵硬、细长,小叶不能展开,纵向皱缩,叶缘扭曲畸形,似病毒病症状。果实药害表现为果实畸形,最常见的为乳突脐果。

【防治方法】

(1)严格掌握 2,4-D 合理使用浓度。随气温增高,使用的浓度要随之变化。以日光温室春番茄为例,通常第一花序采用 2,4-D 合理使用浓度,随气温增高,使用的浓度是 20 微升/升;第二花序为 15 微升/升;第三花序为 10 微升/升。

(2)蘸花要做好标记,杜绝重复蘸花,以免浓度过高造成药害。

(3)蘸花时应精心操作,防止 2,4-D 蘸、滴到嫩枝或嫩叶上。严禁喷洒。

(4)田间花数量较大时,可改用防落素 25～40 微升/升喷花。

十六、辣椒疫病

【为害诊断】苗期、成株期均可发生。苗期发病,主要为害根茎,使根茎组织腐烂,病部缢缩,幼苗倒伏,引起湿腐,枯萎死亡。定植后叶片染病,病斑圆形或近圆形,呈暗绿色、水渍状,迅速扩大使叶片部分或大部分软腐,干燥后病斑变成淡褐色,叶片脱落。茎部受害产生水渍状病斑,扩展后病斑加长,后期病部变为黑褐色,皮层软化腐烂,病部以上枝叶迅速凋萎,而且易从病部折断。果实染病始于蒂部,先出现水渍状斑点,暗绿色,后病斑扩展,果皮变褐、软腐,果实多脱落或失水变成僵果,残留在枝上。

【发病规律】该病由辣椒疫霉菌侵染所致。旬平均气温 10℃以上,棚室内辣椒即可发病,27～30℃发病最快。在日照少、空气湿度大、土壤蒸发量小的条件下,就可侵染发病。漫灌时,极易造成严重发病。病菌可在病残体上和种子上越冬，来年直接侵染基部。辣椒(甜椒)疫病是保护地毁灭性土传病害。

【防治方法】

(1)选用无病新土育苗或床上进行消毒　用25%瑞毒霉可湿性粉剂或75%百菌清可湿性粉剂，按每平方米8克加10～15千克细土拌匀，将1/3药土施入床内，播后将剩余2/3药土覆盖。

(2)加强田间管理　注意通风透光，防止湿度过大。选择晴天的上午浇水，浇水后提温、降湿，避免高温、高湿；及时拔除病株，清除出棚室并集中处理。

(3)化学防治　定植后可喷80%代森锰锌可湿性粉剂600倍液加以保护，15天1次。发病初期可喷洒40%疫霉灵可湿性粉剂250倍液或58%甲霜灵锰锌可湿性粉剂500倍液、64%杀毒矾可湿性粉剂500倍液、72%霜脲锰锌(杜邦克露)可湿性粉剂800倍液、60%安克锰锌可湿性粉剂1 500倍液、58%雷多米尔可湿性粉剂800倍液、75%百菌清可湿性粉剂600倍液等。隔7～10天1次，连续2～3次。棚室中还可使用45%百菌清烟剂，每公顷每次3.75千克；或5%百菌清粉尘剂，每公顷每次15千克。隔9天左右1次，连续防治2～3次。

十七、辣椒炭疽病

【为害诊断】叶片染病，初现褪绿、水渍状斑点，逐渐变为褐色，中间淡灰色，病斑上轮生小黑点。果柄有时受害，产生褐色凹陷斑，且不规则，干燥时干裂。果实受害，初现水渍状黄褐色圆斑或不规则斑，斑面有隆起的同心轮纹，并有许多黑色小点，潮湿时病斑表面溢出红色黏稠物。果实上的病斑易干缩呈膜状，有的破裂。

【发病规律】由辣椒刺盘孢菌侵染所致。病菌发育温度12～32℃，最适温度27℃，空气相对湿度95%左右。在棚室种植条件下，由于湿度大、温度高，往往发病较重。受日灼伤害以及受各种损伤的果实炭疽病发生严重。种植密度大、排水不良以及施肥不当或氮肥过多，也会加速该病的发生、扩展和蔓延。病菌在病残体、土表和种子上越冬。从伤口侵入，借风、雨、昆虫等传播。

【防治方法】

(1)选用抗病品种，无病株留种。实行与非同种蔬菜轮作2～3年。

(2)种子处理。用凉水预浸1～2小时，然后用55℃温水浸10分钟，再放入冷水中冷却后催芽播种。也可先将种子在冷水中浸10～12小时，再用1%硫酸铜浸种5分钟，或用50%多菌灵可湿性粉剂500倍液浸1小时，捞出后用草木灰或少量石灰中和酸性，再进行播种。

(3)加强田间管理。合理密植，配方施肥，棚室适时通风，避免高温、高湿，注意排水，及时清除病叶、病果及残体。

(4)化学防治。发病初期可喷洒70%甲基托津可湿性粉剂600～800倍液或80%代森锰锌可湿性粉剂500倍液、75%百菌清可湿性粉剂800倍液混合喷洒，或50%炭疽福美可湿性粉剂300～400倍液、1∶1∶200倍的波尔多液，或25%使百克乳油1 000～1 500倍液。每隔7～10天喷1次，共喷2～3次。

十八、辣椒灰霉病

【为害诊断】苗期、成株期均可发病。幼苗染病，子叶先端枯死，后扩展到幼茎。幼茎缢缩变细，易自病部折断枯死。发病重的幼苗成片死亡，严重的毁棚。真叶染病出现半圆至近圆形淡褐色轮纹斑，后期叶片或茎部均可长出灰霉，感病部腐烂。成株染病，叶缘处先形成水渍状大斑，后变褐，形成椭圆或近圆形浅黄色轮纹斑，密布灰色霉层。严重的致大斑连片，整叶干枯。果实染病，幼果果蒂周围局部先产生水渍状褐色病斑，扩大后呈暗褐色，凹陷腐烂，表面产生不规则轮纹状灰色霉状物。

【发病规律】该病由灰葡萄孢真菌侵染所致。棚内低温(20～30℃)、高湿(90%)、通风不良、密度过大、管理不当、植株抗病性差时发病较重。病菌在病残体及土壤中越冬。借气流、灌溉水及农事传播。从伤口、衰老或死亡组织入侵。

【防治方法】参照番茄灰霉病。

十九、辣椒病毒病

【为害诊断】主要有两种类型：①花叶坏死型。由烟草花叶病毒引起。病叶出现不规则褪绿、浓绿与淡绿相间的花叶症，有的叶上出现褐色坏死斑，自叶片主脉沿茎部出现黑褐色坏死条斑，造成落叶、落花、落果，以致整株死亡。②叶片畸形丛生。由黄瓜花叶病毒侵染引起植株变形，表现为病叶增厚、变小或呈蕨叶状。叶脉褪绿、皱缩、凹凸不平、呈线状，茎节间缩短，植株矮化，枝叶呈丛簇状。病果呈现花斑或坏死斑，畸形、易脱落。

【发病规律】该病是由烟草花叶病毒和黄瓜花叶病毒，还有马铃薯 Y 病毒侵染引起的。温度过高、干旱，有利于蚜虫发生为害，病毒病发生重。定植较晚，重茬、缺肥均易发生病毒。传播途径主要是由蚜虫传播和接触传染。高温、干旱不仅有利于蚜虫传毒，而且还降低植株的抗病毒能力。病毒主要以接触摩擦及微伤口传播，田间作业时，如整枝、摘果等通过接触传染病毒，造成为害。

【防治方法】

(1)选用抗(耐)病品种　如同丰 37、吉杂 2 号等。

(2)种子消毒　先用清水浸种 2～3 小时，再用 10%磷酸三钠溶液浸泡 20～30 分钟，清水淘洗干净后，再催芽，播种。

(3)培育无病适龄壮苗　无病株采种，无病土育苗，适期播种。育苗阶段注意及时选用 10%吡虫啉(蚜虱净、大功臣等)可湿性粉剂 2 000～2 500 倍液或 0.4%杀蚜素水剂 200～400 倍液防治蚜虫。

(4)加强栽培管理　土壤施足腐熟有机肥，增施磷、钾肥，使土层疏松肥沃，利于辣椒根系发育，减轻病害；合理密植，铺地膜，加盖小拱棚。定植后，前期供足水分，浇水后及时中耕松土，提高地温，促进发根；中期注意通风，防止徒长，促进发棵，促花、保果；后期加强水肥，防止早衰，以保大量结果。撤膜后加强肥水管理，防止高温、干旱。

(5)化学防治 发病初期可用1.8%爱多收水剂6 000倍液或0.004%云大-120水剂1 500倍进行叶面喷施,提高植株自身抗病能力。化学防治常用药剂有20%病毒A可湿性粉剂500倍液、1.5%植病灵800倍液。定植前10天,定植缓苗后及盛果期各喷1次0.1%硫酸锌,也有一定的防病效果。以上药剂可轮流交替使用。发病初期应及时拔除病株,并在田外销毁。

二十、甜椒日烧病

【为害诊断】该病病因是强烈阳光直射,症状只出现在裸露果实的向阳面。发病初期病部褪色,略微皱褶,呈灰白色或微黄色。病部果肉失水变薄,近革质,半透明,组织坏死,发硬绷紧,易破裂。后期病部为病菌或腐生菌类感染,长出黑色、灰色、粉红色或杂色霉层,病果易腐烂。

【发病规律】日烧病属生理性病害。主要是由阳光灼烧果实表皮细胞,引起水分代谢失调所致。引起日灼的根本原因是叶片遮阳不好,植株株型不好。土壤缺水、天气过度干热、雨后暴晴、土壤黏重、低洼积水等均可引起。植株因水分蒸腾不平衡引起涝性干旱等因素均可诱发日灼。在病毒病发生较重的田块,因疫病等引起死株较多的地块过度稀植等,日烧病尤为严重。钙素在辣椒水分代谢中起重要作用,土壤中钙质淋溶损失较大,施氮过多,引起钙质吸收障碍等生理因素,也和日烧病的发生有一定的关系。

【防治方法】

(1)合理密植和间作 大垄双行密植,可使植株相互遮阳,减少在阳光下的果实暴露。与玉米、高粱等高秆作物间作,利用高秆作物在遮阳条件,减轻日灼的危害,还可改善田间小气候,增加空气湿度,减轻干热风的危害。具体做法参照病毒病防治的有关内容。

(2)合理灌水 结果盛期以后,应小水勤灌,上午浇水,避免下午浇水。特别是黏性土壤,应防止浇水过多而造成的缺氧性干旱。

(3)根外施肥 着果后施用0.1%硝酸钙,每10天左右施1

次。连用 2～3 次。

（4）使用遮阳网　可用黑色遮阳网，减弱强光。

二十一、甜椒蒂腐果

【发病规律】露地栽培和温室栽培的甜椒，在生长发育期间常发生蒂腐果。甜椒蒂腐果与番茄的蒂腐果一样，都是缺钙引起的。高温、干燥、多肥、多钾等条件都会使钙的吸收受到阻抑，产生蒂腐果。

植株生长能吸收到充足的钙，但植株营养生长过旺，钙都被分配到叶芽中，果实中只分配到少量的钙，在这种情况下也会产生蒂腐病。

【防治方法】土壤要适于根系的发育，扎根深，能很好地吸收钙。多施有机肥，使钙处于容易被吸收的状态。

二十二、甜椒石果

短花柱花在夏季的高温期落花。温室栽培的甜椒，短花柱花单性结实产生石果。种子少的果实因同化养分的分配少而形成石果。狮子型甜椒石果发生多。植株上持续结石果会使植株生长势变弱。

长花柱花的正常花在温度过低时，花药不能开放，不能受精，会产生石果，所以夜间温度一定要保持在 15℃以上。

减少石果发生，要有发育良好的花芽，使受精良好，并要加强田间管理，使植株能进行旺盛的同化作用。

二十三、茄子灰霉病

【为害诊断】茄子叶、茎、果均可受害，以果实发病最重。成株期叶片发病，由叶缘向内呈“V”字形扩展。病斑初呈水渍状，边缘不规则，后呈浅褐色至黄褐色。染病的花瓣、花蕊等落到叶面或枝杈上，可形成圆形或梭形病斑。病斑上有浅轮纹。病叶干枯后高湿度下可产生灰褐色霉层。病枝易折断，也可形成霉层。果实发病，多在结果期为害门茄，在幼果顶部或蒂部附近形成指肚大小的褐色水渍状病斑。病部凹陷腐烂，暗褐色，表面生黑色霉层，叶上病斑形状和番茄上相似。

【发病规律】该病由灰葡萄孢属真菌侵染引起。在温度20℃左右、湿度在90%以上时最有利于该病的发生。在冬春温室和大棚的低温高湿环境、连茬地、密度大、植株徒长、光照不足、棚室内施用未腐熟有机肥或施氮肥过多、低洼潮湿处发病均较重。病菌在病残体或土表越冬，成为来年的初侵染源。病菌靠气流、灌溉水、农事操作传播。

【防治方法】参照番茄灰霉病。

二十四、茄子绵疫病

【为害诊断】从苗期到成株期均可发病。主要为害果实。果实受害多以下部老果较多。发病初期出现水渍状小斑点，逐渐扩大，并产生茂密的白色棉絮状菌丝，果实内部变黑腐烂，且易脱落。病果落地后，由于潮湿可使全果腐烂、遍生白霉，最后干缩成僵果。叶片受害，病部水渍状，褐色，有明显轮纹。潮湿时边缘不明显，扩展极快，病斑上生稀疏的白色霉状物。干燥时病斑停止扩大，病部组织干枯。花受害，常在发病盛期，呈水渍状褐色湿腐，向下蔓延，常使嫩茎变褐腐烂，缢缩以致折断，上部叶片萎蔫下垂。幼苗受害，常发生猝倒，病部常产生白色絮状菌丝体。

【发病规律】此病由辣椒疫霉属真菌侵染所致。在高温（28～30℃最适）、高湿、地势低洼、排水不良、过密、定植过迟、偏施氮肥、管理粗放、重茬、长果型品种发病较重。特别是在结果期雨后暴晴最易发病。在保护地湿度大、植株上有水（侵染水）、空气相对湿度85%以上、气温25～35℃条件下，发病较迅速。病菌在土壤中的病残体上越冬。借风、雨传播为害。

【防治方法】

（1）农业防治　选用抗病品种，病害高发地区一般选用圆茄型，选择较高地势栽培；及时清除病果，并带出田外集中处理；适当增施磷、钾肥，提高抗病性；与瓜类、豆类等蔬菜实行3～4年轮作。

（2）化学防治　发病初期及时喷药保护。可选用25%甲霜灵可湿性粉剂800～1 000倍液或58%甲霜灵锰锌可湿性粉剂500倍液、40%乙膦铝可湿性粉剂300倍液、64%杀毒矾可湿性粉剂400～500倍液、77%可杀得可湿性微粒粉剂500倍液等药剂。每隔7～10天喷1次，连续喷药2～3次。

二十五、茄子黄萎病

【为害诊断】一般在茄坐果后开始表现症状，多自下而上或从一边向全株发展。初期先从叶片边缘及叶脉间变黄，逐渐发展至叶片半边或整张叶片变黄。发病早期，病叶在晴天中午前后表现萎蔫，但早晚可以恢复正常。后期病叶萎蔫后不再恢复，病叶色泽由黄变褐，有时叶缘向上卷曲，萎蔫下垂或脱落，严重时病株叶片脱光仅留茎秆。剖视病茎和病根等部，可见维管束变褐色。病株着生的果实变小、质硬，纵切病株上成熟的果实，其维管束也呈黑褐色。

【发病规律】病菌以休眠菌丝体和微形菌核随病残体在土壤中越冬。一般在土壤中可存活6～8年。第二年在环境条件适宜时，病菌从茄根部伤口或直接从幼根的表皮及根毛侵入，引起发病。后病菌在维管束内不断扩展、繁殖，并扩展到枝叶。该病在当年不再进行重复侵染。病菌发育适温为19～24℃，最高为30℃，最低为5℃。菌丝、菌核60℃经10分钟致死。一般，气温低、定植时根部伤口愈合慢利于病菌从伤口侵入。从茄子定植到开花期，日均温低于15℃，持续时间长，发病早而重，如此期间气候温暖，雨水调和，病害明显减轻。地势低洼、施用未腐熟的有机肥，灌水不当及连作地发病重。有时冷凉天气，直接浇灌井水，会使地温降至5℃以下，此时灌水一次也可导致该病发生蔓延。此外，定植过早，栽苗过深，起苗带土少，伤根多等因素，会加重发病。

【防治方法】

（1）选用抗病品种　如吉茄1号、熊岳紫长茄、辽茄3号、齐茄1号、丰研1号、海茄、长茄1号、齐杂茄2号、沈茄2号、龙杂茄2号等。

(2)种子处理　播种前用种子重量0.2%的50%多菌灵可湿性粉剂浸种1小时或55℃温水浸种15分钟,移入冷水中冷却后催芽播种。也可用种子重量0.2%的50%福美双或50%克菌丹可湿性粉剂拌种。

(3)轮作　与非茄科作物实行4年以上轮作,如与葱蒜类轮作效果较好,尤其与水稻轮作1年效果更好,因为水田会促使病菌死亡。

(4)土壤处理　苗床或定植田用棉隆处理土壤。每平方米用40%棉隆10～15克与15千克过筛细干土充分拌匀,撒在畦面上,后耙入土中,深约15厘米,拌后耙干浇水,覆地膜,使其发挥熏蒸作用,隔10天后播种或分苗,否则会产生药害。定植田每公顷用50%多菌灵30千克进行土壤消毒。

(5)适时定植　10厘米深处地温15℃以上开始定植,最好铺光解地膜,避免用过冷井水浇灌;选择晴天合理灌溉,注意提高地温,茄子生长期间宜勤浇小水,保持地面湿润;门茄采收后,开始追肥或喷施叶面宝、植宝素、爱多收等,如用喷施宝每毫升对水12升,或3%过磷酸钙也可。

(6)化学防治　苗期或定植前期喷50%多菌灵可湿性粉剂600～700倍液。发病初期喷洒治枯灵1袋(12克)对水25千克或10%治萎灵水剂300倍液,隔10～15天1次,连喷2次或浇灌50%苯菌灵可湿性粉剂1 000倍液、50%琥胶肥酸铜(DT)可湿性粉剂350倍液。每株灌对好的药液0.5升,或用12.5%增效多菌灵浓可溶剂200～300倍液,每株浇灌100毫升。

(7)嫁接防病　用野茄2号、苏茄1号、托落巴姆、野生水茄、毒茄或红茄作砧木,栽培茄作接穗,采用劈接或插接法嫁接,效果显著。

二十六、侧多食跗线螨

又名茶黄螨、茶半跗线螨、茶嫩叶螨、阔体螨、白蜘蛛，是近年为害蔬菜较重的害螨之一。分布于北京、江苏、浙江、湖北、四川、贵州、台湾等地。寄主植物广泛，已知寄主达 30 多科 70 余种。主要为害茄子、辣椒、马铃薯、番茄、瓜类、豆类及芹菜、木耳菜、萝卜等蔬菜。

【形态特征】雌成螨长约 0.21 毫米，体躯阔卵形，体分节不明显，淡黄至黄绿色，半透明有光泽。足 4 对，沿背中线有 1 白色条纹，腹部末端平截。雄成螨体长约 0.19 毫米，体躯近六角形，淡黄至黄绿色，腹末有锥形尾吸盘，足较长且粗壮。卵长约 0.1 毫米，椭圆形，灰白色，半透明，卵面有 6 排纵向排列的泡状凸起，底面平整光滑。幼螨近椭圆形，躯体分 3 节，足 3 对。若螨半透明，棱形，是一静止阶段，被幼螨表皮所包围。

【为害诊断】食性极杂。成、幼螨集中在寄主幼芽、嫩叶、花、幼果等幼嫩部位刺吸汁液，尤其是尚未展开的芽、叶和花器。被害叶片增厚僵直、变小或变窄，叶背呈黄褐色、油渍状，叶缘向下卷曲。幼茎变褐，丛生或秃尖。花蕾畸形，果实变褐色，粗糙，无光泽，出现裂果，植株矮缩。由于虫体较小，肉眼一般难以发现，为害症状又和病毒病或生理病害症状有些相似，生产上应注意识别。

【防治方法】

（1）农业防治　压低越冬虫口基数，搞好冬季保护地害螨的防治工作。铲除田头、地边杂草，清除枯枝落叶，并集中烧毁。

（2）培育无虫苗　苗床面积小，虫口基数低，便于施药防治。定植前做好查治工作。

（3）化学防治　在发生初期及时喷洒药剂。可选用 73%克螨特乳油 1 000～1 500 倍液、5%尼索朗乳油 2 000 倍液、1.0%阿维菌素乳油 1 000 倍液、5%卡死克乳油 1 200 倍液、15%哒螨酮乳油 1 000倍液。重点喷洒植株上部嫩叶背面、嫩茎、花器、生长点及幼果等部位，并注意交替轮换用药。

二十七、茄黄斑螟

又名茄螟、茄白翅野螟。主要分布于中国台湾及华南、华中、华东和西南。

【形态特征】成虫体长6.5～10毫米，翅展25毫米左右。体、翅均白色。前翅具4个明显的黄色大斑纹，翅基部黄褐色；中室与后缘之间呈一个红色三角形纹；翅顶角下方有一个黑色眼形斑。后翅中室具一小黑点，并有明显的暗色后横线，外缘有2个浅黄斑。栖息时翅伸展，腹部翘起，腹部两侧节间毛束直立。卵约0.7毫米×0.4毫米，外形似水饺，卵上有2～5根锯齿状刺，大小长短不一，有稀疏刻点；初产时乳白色，孵化前灰黑色。老熟幼虫体长15～18毫米，多呈粉红色，幼龄期黄白色；头及前胸背板黑褐色，背线褐色；各节均有6个黑褐色毛斑，呈两排，前排4个，后排2个，各节体侧有1个瘤突，上生2根刚毛。腹末端黑色。蛹长8～9毫米，浅黄褐色，腹第三、四节气孔上方有一凸起。蛹茧坚韧，有内外两层。初结茧时为白色，后逐渐加深为深褐色或棕红色。茧形不规则，多呈长椭圆形。

【为害诊断】茄黄斑螟在我国长江以南地区，是为害茄子的重要害虫。幼虫为害蕾、花，并蛀食嫩茎、嫩梢及果实，引起枝梢枯萎、落花、落果及果实腐烂。秋季多蛀害茄果，一个茄子内有3～5头幼虫。夏季茄果虽受害轻，但花蕾、嫩梢受害重，可造成早期减产。

【防治方法】

(1)农业防治　及时剪除受害植株嫩梢及茄果。茄子收获后，清洁菜园，及时处理残株败叶，以减少虫源。3月底前将茄秆、枯枝一律烧毁。

(2)化学防治　在幼虫发生期，可采用化学防治，如20%杀灭菊酯2 000倍液、21%灭杀毙(增效氰·马乳油)3 000倍液、10%菊·马乳油1 500倍液、5%锐劲特悬浮剂2 500倍液等。注意药剂的交替轮换使用。

二十八、马铃薯块茎蛾

又名马铃薯麦蛾、烟潜叶蛾。云南、贵州、四川、广东、广西、湖南、湖北、江西、安徽、甘肃、陕西、山西、台湾等地均有分布。寄主有马铃薯、茄子、番茄、青椒等茄科蔬菜及烟草等。

【形态特征】成虫体长5～6毫米，翅展13～15毫米，灰褐色。前翅狭长，中央有4～5个褐斑，缘毛较长；后翅烟灰色，缘毛甚长。卵长约0.5毫米，椭圆形，黄白色至黑褐色，带紫色光泽。末龄幼虫体长11～15毫米，灰白色，老熟时背面呈粉红色或棕黄色。蛹长5～7毫米，初期淡绿色，末期黑褐色。第十腹节腹面中央凹入，背面中央有一角刺，末端向上弯曲。茧灰白色，外面黏附泥土或黄色排泄物。

【为害诊断】幼虫潜入叶内，沿叶脉蛀食叶肉，余留上下表皮，呈半透明状。严重时嫩茎、叶芽也被害枯死，幼苗可全株死亡。田间或贮藏期可钻蛀马铃薯块茎，呈蜂窝状，甚至全部蛀空，外表皱缩，并引起腐烂。

【防治方法】

(1)药剂处理种薯　对于有虫的种薯，用溴甲烷熏蒸，也可用90%晶体敌百虫或25%喹硫磷乳油1 000倍液喷种薯，晾干后再贮存。

(2)及时培土　在田间勿让薯块露出表土，以免被成虫产卵。

(3)化学防治　在成虫盛发期可喷洒10%赛波凯乳油2 000倍液、0.12%天力Ⅱ号可湿性粉剂1 000～1 500倍液等药剂。

二十九、茄二十八星瓢虫

又名酸浆瓢虫、小二十八星瓢虫。河北、陕西、山东、河南、江苏、安徽、浙江、江西、福建、广东、广西、四川、云南、台湾均有分布。

【形态特征】成虫体长5.5～6.5毫米，半球形，黄褐色，体表密生黄色细毛。前胸背板上有6个黑斑，中央2个，一前一后，前方的大，横形(有时可分为2个)，后方的圆形(或纵长，与前方的相接)，每侧各 2 个。每鞘翅有 14 个黑斑，鞘翅基部 3 个黑斑后方的 4 个黑斑几乎在一直线上，鞘翅会合时，两鞘翅上黑斑不相接触。卵长约 1.3 毫米，弹头形，初产时鲜黄色，后渐变为黄褐色，卵粒排列较紧密。初龄幼虫淡黄色，后变白色，体表多刺，其基部有黑褐色环纹，枝刺白色，成长幼虫体长约 7 毫米。蛹长约 5.5 毫米，椭圆形，黄白色，背面有黑色斑纹，尾端包着末龄幼虫的蜕皮。

【为害诊断】以成、幼虫舐食叶肉，残留上表皮成网状，严重时食尽全叶。此外，还能取食花瓣、萼片。茄子果实受害，受害部位变硬，带有苦味，影响产量和质量。

【防治方法】

(1)农业防治 清除越冬场所，及时处理收获的马铃薯、茄子残株，减少越冬虫源。

(2)人工捕捉成虫 利用成虫的假死性，用盆承接，并叩打植株使之坠落，收集后杀灭。

(3)人工摘除卵块 雌成虫产卵集中成群，颜色艳丽，极易发现，易于摘除。

(4)化学防治 在幼虫分散前及时喷洒下列药剂：2.5%三氟氯氰菊酯乳油 4 000 倍液、21%灭杀毙乳油 5 000 倍液、50%辛硫磷乳油 1 000 倍液、90%晶体敌百虫 1 000～1 500倍液、20%氯氰菊酯乳油 4 000 倍液。注意重点喷叶背面。

三十、马铃薯瓢虫

又名二十八星瓢虫。分布于黑龙江、吉林、辽宁、甘肃、河北、山东、山西、河南、江苏、浙江、福建、内蒙古、四川、云南、西藏等地。

【形态特征】成虫体长 7～8 毫米，半球形，赤褐色，密被黄褐色细毛。前胸背板前缘凹陷而前缘角凸出，中央有一较大的剑状斑纹，两侧各有 2 个黑色小斑(有时合成一个)。两鞘翅上各有 14 个黑斑，鞘翅基部 3 个黑斑后方的 4 个黑斑不在一条直线上，两鞘翅合缝处有 1～2 对黑斑相连。卵长 7.4 毫米，纵立，鲜黄色，有纵纹。幼虫体长约 9 毫米，淡黄褐色，长椭圆形，背面隆起，各节具黑色枝刺。蛹长约6毫米，椭圆形，淡黄色，背面有稀疏细毛及黑色斑纹。尾端包着末龄幼虫的蜕皮。

【为害诊断】成虫、幼虫取食叶片、果实和嫩茎。受害叶片仅留叶脉及上表皮，形成许多不规则透明的凹纹，后变为褐色斑痕，斑痕过多时会导致叶片枯萎。受害果则被啃食成许多凹纹，逐渐变硬，并有苦味，失去商品价值。

【防治方法】参见茄二十八星瓢虫。

三十一、棉铃虫

又名棉铃实夜蛾。分布于全国各棉区，遍及全国各地，是番茄、茄子上的主要蛀果性害虫。

【形态特征】成虫体长14～18毫米，翅展30～38毫米，灰褐色。前翅中有一环纹。中央有褐点。卵半球形，乳白色，具纵横网格。幼虫体色多变，头部黄褐色，气门白色，体表布满小刺。蛹长17～21毫米，黄褐色。

【为害诊断】以幼虫蛀食花、蕾、果为主，也可为害嫩茎、叶和芽。花蕾被害易脱落，果实易腐烂。蛀孔多在果蒂部。

【防治方法】

(1)农业防治　冬耕冬灌及田间耕作可灭蛹，结合整枝、打杈可摘除虫卵。在番茄田中套作甜玉米诱蛾产卵，再集中消灭玉米心叶中的幼虫。

(2)物理防治　插杨柳枝、挂诱虫灯、性诱剂等诱杀成虫。

(3)化学防治　在卵孵化高峰至低龄幼虫发生期选用5%抑太保、卡死克乳油1 000倍液、90%万灵可湿性粉剂3 000倍液、1.8%阿维菌素乳油1 000倍液、2.5%天王星乳油3 000倍液、Bt乳剂250倍液、50%辛硫磷乳油1 000倍液等药剂喷洒。

三十二、烟粉虱

分布于广东、广西、台湾、海南、福建、云南、上海、浙江、江西、湖北、四川、陕西、北京、新疆、河北、天津、山东、山西等省(市、区)。

【形态特征】成虫体长0.85～0.91毫米，体黄色，双翅白色，无斑点，翅面覆盖白色蜡粉。卵不规则散产在叶背面，有光泽，长梨形，有小柄，与叶面垂直，卵柄通过产卵器插入叶表裂缝中。卵初产时淡黄绿色，孵化前变褐色。若虫体椭圆形扁平，淡绿色至黄色，紧贴在叶片上营固定生活。伪蛹蛹壳黄色，长0.6～0.9毫米，有2根尾刚毛，背面有1～7对粗壮的刚毛或无毛。

【为害诊断】成、若虫群集叶背刺吸植物汁液。受害叶片褪绿变黄、萎蔫，致植株衰弱，甚至全株枯死，还分泌蜜露诱发煤霉病，并可传播70多种病毒病。

【防治方法】

(1)色板诱杀。烟粉虱对黄色有强烈趋性，可在温室内设置黄板诱杀成虫。方法是在粉虱发生初期，将黄板涂机油等黏性剂，均匀悬挂于植株上方，黄板底部与植株顶端相平或略高于植株顶端。当粉虱粘满板面时，需及时涂油。一般7～10天重涂1次。

(2)在保护地秋冬茬栽培烟粉虱不喜好的半耐寒性叶菜，如芹菜、生菜、韭菜等，从越冬环节上切断其自然生活史。

(3)培育无虫苗。冬春季加温苗房避免混栽，清除残株、杂草和熏蒸残存成虫，培育无虫苗为关键防治措施。

(4)生物防治。可利用丽蚜小蜂、草蛉等控制粉虱为害。

(5)化学防治。害虫发生初期及早喷洒下列药剂予以防治：10%吡虫啉可湿性粉剂2 000倍液、1.8%阿维菌素乳油2 000～3 000倍液、25%扑虱灵可湿性粉剂1 500倍液、2.5%天王星乳油1 000～1 500倍液、5%锐劲特悬浮剂1 500倍液等药剂。

第八章　豆类蔬菜病虫害及防治

一、豇豆锈病

【为害诊断】豇豆锈病主要为害叶片，也可为害茎和荚。叶片发病初期，在叶背或叶面产生黄褐色或淡黄色小斑点，后期病斑中央凸起呈暗褐色，即病菌的夏孢子堆。夏孢子堆周围有黄色晕圈，表皮破裂后散出红褐色粉末状夏孢子。发病严重时，整张叶片布满锈褐色病斑，受害部分叶片枯黄脱落。叶柄、茎和荚发病症状与叶片相似。此外，叶面有时可见稍凸起的栗褐色粒点，即病菌的性孢子器。在叶背产生黄白色粗绒状物即锈孢子器。

【发病规律】由豇豆单胞锈菌侵染引起。病菌以冬孢子随病残体在土壤中越冬。翌年温、湿度条件适宜时，经 3～5 天产生担孢子，通过气流传播，产生芽管侵入豇豆叶片，8～9 天后出现病斑，形成性孢子和锈孢子，后进一步形成夏孢子，借气流再侵染，直到秋季产生冬孢子越冬。

田间发病最适温度 23～27℃，相对湿度 90％以上，最易感病生育期为开花结荚期到采收中、后期。浙江地区豇豆发生盛期主要在 5～10 月。田间高湿、多雨有利于发病，连作田病重。

【防治方法】

(1)合理轮作　与非豆科作物轮作 2 年。

(2)加强管理　合理密植，开沟排水，高畦栽培，增施磷、钾肥，以增强植株长势，提高抗病力。

(3)化学防治　在发病初期喷药，每隔 7～10 天 1 次，连续 2～3 次。药剂可选用 40％福星乳油 8 000 倍液、10％世高水溶性颗粒剂 1 000～1 500 倍液、62.25％仙生可湿性粉剂 600 倍液、15％粉锈宁可湿性粉剂 1 500 倍液、43％好力克悬浮剂 4 000～6 000 倍液、75%灭锈胺可湿性粉剂 600～800 液。注意交替使用，并根据农药安全间隔期有关规定进行，如 15%粉锈宁可湿性粉剂安全间隔期为 7 天、40%福星乳油安全间隔期为 18 天等。

二、豆类枯萎病

【为害诊断】主要症状表现为叶片自下而上萎蔫，容易脱落，后枯死。病株根系发育不良，侧根很少，后期根部腐烂，易拔起。根基部、茎基部和维管束变褐色。湿度大时病部产生粉红色霉层。被害株最初表现部分叶片萎蔫，以后萎蔫叶片增多直至全株萎蔫死亡。苗期一般不表现症状，花期开始至结荚期盛发。

【发病规律】病菌以菌丝、厚垣孢子等在病残体或种子上越冬。病菌离开寄主在土壤中可存活 3 年以上。病菌借雨水、灌溉水和农具等传播。种子带菌是病害远距离传播的主要途径。病菌在豆类生长期从根部伤口侵入，在维管束中产生菌丝。菌丝分泌毒素或阻碍导管，造成叶片萎蔫。该病发育适温 24～28℃。若遇多雨季节，病害严重发生，时晴时雨或阴雨骤晴，病害容易流行。在长江中、下游地区豆类枯萎病在 5～7 月为盛发期。

【防治方法】

(1)选用抗病品种　菜豆选用较抗病的秋抗 6 号、秋抗 19、北京白架豆、锦州双季豆、青岛豆等；豇豆选用较抗病的广州珠燕、正豇 555 等品种。

(2)轮作与种子处理　避免连作，与十字花科作物实行 3～5 年的轮作制；进行种子温汤浸种处理或药剂处理。

(3)合理施肥　选择高燥田块，提倡施用腐熟有机栏肥，高畦深沟和地膜栽培，结合整地每公顷施 2 250～3 000 千克生石灰。

(4)化学防治　在出现中心病株后，立即选择 50%多菌灵可湿性粉剂 800 倍液或 60%百菌通可湿性粉剂 500 倍液、47%加瑞农可湿性粉剂 500 倍液、12%绿乳铜乳油 500 倍液、10%宝丽安可湿性粉剂 600 倍液等灌根。每穴浇灌药液 250 毫升。每隔 7～10 天 1 次，连续 2～3 次。注意药剂交替使用，并根据农药安全间隔期有关规定进行。

三、豇豆煤烟病

【为害诊断】该病为害豇豆、菜豆、蚕豆、豌豆、大豆等豆类蔬菜。主要为害叶片,茎蔓和荚次之。发病初期,在叶片正背两面产生紫褐色斑点,后扩大成为1～2厘米大小、近圆形或三角形、淡褐色和褐色斑,病、健部界限不明显。潮湿时,在病斑背面产生灰黑色烟煤,即病菌的分生孢子梗和分生孢子。茎被害时,病斑梭形,褐色,后期变成灰黑色。

【发病规律】病菌以菌丝体和分生孢子随病残体在土壤中越冬。翌年春季环境适宜时,菌丝体产生分生孢子,通过气流传播侵染。豇豆一般在开花结荚期开始发病,病害多发生在老叶或成熟的叶片上,顶端嫩叶较少发病或不发病。病菌喜高温、高湿的环境。发病最适温度25～32℃,相对湿度90%～100%,发病潜育期5～10天。长江中、下游地区烟煤病的主要发病期在5～10月。年度内春豇豆比秋豇豆发病重,夏秋季多雨发病重,田块低洼、排水不良、肥水管理不当、种植过密、通风透光差发病重。

【防治方法】

(1)选用抗病品种。

(2)轮作　与非豆科作物实行2～3年轮作。

(3)加强栽培管理　合理密植;适当增施磷、钾肥,增强植株抗病能力;高畦深沟和地膜栽培,雨后及时排水。

(4)化学防治　豇豆发病初期,选择50%多菌灵可湿性粉剂800倍液或80%新万生可湿性粉剂800倍液、65%甲霉灵可湿性粉剂1 000倍液、77%可杀得可湿性粉剂1 000倍液、47%加瑞农可湿性粉剂800倍液、14%络氨铜水剂600倍液等药剂喷雾。每隔7～10天1次,连续2～3次。注意药剂交替使用,并根据农药安全间隔期有关规定进行。

四、菜豆根腐病

【为害诊断】该病在菜豆生长35天左右开始发生。早期症状不明显，植株较为矮小，至开花结荚期时，病株下部叶片变黄、萎蔫，从叶边缘开始枯萎，但不脱落。拔出病株发现主根上部和茎的地下部变黑褐色，病部稍凹陷，有时皮层开裂，侧根少或腐烂。当主根腐烂时，整株枯死。潮湿时，在茎基部产生粉红色霉状物。

【发病规律】病菌以菌丝体随病残体在土壤中越冬。腐生性强，在无寄主的情况下，可在土壤中存活10年以上。种子不带菌。翌年春季环境适宜时，病菌产生分生孢子，通过雨水、灌溉水、农具和带菌肥料传播。

病菌喜高温、高湿的环境。发病最适温度24～28℃，相对湿度80%左右。发病潜育期10～25天。长江中、下游地区煤烟病的主要发病期在5～9月。年度内春豇豆比秋豇豆发病重。夏秋季多雨发病重，田块低洼、排水不良、肥水管理不当、种植过密、通风透光差发病重。

【防治方法】

(1)轮作　与非豆科作物实行2～3年轮作。

(2)种子处理　用2.5%适乐时悬浮种衣剂10毫升加水150毫升，拌种5～10千克，包衣后播种；或用0.2%的75%百菌清可湿性粉剂拌种，也有一定效果。

(3)加强栽培管理　合理密植，适当增施磷、钾肥。高畦深沟和地膜栽培，雨后及时排水。切忌大水漫灌。

(4)化学防治　参考豆类枯萎病。

五、豇豆白粉病

【为害诊断】豇豆白粉病主要为害成株叶片。初期叶片背面产生圆形小白斑，后扩大，相互连接，遍布全叶，沿叶脉扩展成粉带，颜色由白色转为灰白色至紫褐色。严重时叶面形成大病斑，致叶片枯黄脱落。此病在南方地区普遍发生。

【发病规律】病菌主要以菌丝体或闭囊壳在土壤中的病残体上越冬。第二年春产生孢子，由气流传播，进行初侵染。温度25℃左右、干旱条件下或昼夜温差大、夜间叶面易结露，发病重。

【防治方法】

（1）农业防治　豇豆收获后及时清除病残体，带出田间集中烧毁，减少病源。

（2）化学防治　发病初期选用20%三唑酮乳油1 000～1 500倍液或12.5%腈菌唑乳油1 500倍液、30%特富灵可湿性粉剂3 000倍液、10%世高水分散粒剂1 500倍液、62.25%仙生粉剂600～800倍液、40%福星8 000～10 000倍液、30%好力克悬浮剂5 000倍液喷雾。隔5～7天喷1次，连续2～3次。

六、豇豆病毒病

【为害诊断】多表现系统性症状。植株受害后上部叶片褪绿，形成黄绿相间的花斑，叶片扭曲畸形，叶缘不卷，叶形缩小，植株生长受抑制，株形矮小，开花结荚明显减少。

【发病规律】豇豆花叶病是由病毒侵染形成的病害。毒原主要来源于越冬豆科作物和种子。豇豆生长期主要由蚜虫、病株汁液摩擦及农事操作传播侵染。高温、干旱、蚜虫发生重是此病害发生的重要条件。

【防治方法】

（1）选用耐病品种　如之豇28-2、铁线青等。

（2）农业防治　建立无病留种田，选无病株留种；加强田间管理，保证肥水合理供应，促使植株生长健壮，可减轻发病。

（3）防治蚜虫　生长期间尽量避免蚜虫为害，发现蚜虫及时用药防治，常用药剂有10%吡虫啉可湿性粉剂2 000倍液。

（4）化学防治　发病初期可用20%病毒A 400倍液或1.5%植病灵800倍液、抗病毒剂1号300倍液喷雾。全生长期喷3遍，可减轻为害。

七、菜豆细菌性疫病

【为害诊断】菜豆细菌性疫病又称火烧病、叶烧病，是菜豆的常见病害。除为害菜豆外，也可侵染豇豆等。菜豆叶、茎蔓和豆荚均可发病，而以叶片为主。受害叶片、叶尖和叶缘初呈暗绿色油渍状小斑点，像开水烫状，后扩大呈不规则灰褐色的斑块，薄纸状，半透明。干燥时易脆破，病斑周围有黄绿色晕圈。严重时病斑相连似火烧状，全叶枯死，但不脱落。潮湿时腐烂变黑，病斑上分泌出黄色菌脓，嫩叶扭曲畸形。茎上病斑呈条状红褐色溃疡，中央略凹陷，绕茎一周后，上部茎叶萎蔫枯死。豆荚上病斑多不规则，红褐色，严重时豆荚萎缩。

【发病规律】菜豆细菌性疫病为假单胞杆菌属的细菌引起。病菌主要在种子内潜伏越冬，也可随病残体在田间土壤中越冬，是初侵染的来源。在田间借风、雨、昆虫及农事活动传播。病菌发育适温为30℃，相对湿度85%以上。高温、高湿是发病的重要条件。保护地通风不良、温度高、湿度大易发病，露地春夏季多雨、多雾、多露发病重。重茬种植，肥力不足，管理粗放病害也较重。

【防治方法】

(1)种子消毒　用50℃温水浸种15分钟再播种，或用种子重0.3%的58%甲霜灵锰锌拌种，或用种子重0.3%的50%敌克松拌种。

(2)农业防治　最好与葱蒜类蔬菜轮作，拉秧时清除病株残体；保护地实行高畦定植，地膜覆盖，加强通风，避免高温、高湿环境，增施腐熟有机肥，促进植株健壮生长，提高抗病性。

(3)化学防治　发病初期可选用50%加瑞农或70%可杀得、75%百菌清、50%百菌通等可湿性粉剂600倍液，或用30%DT杀菌剂400倍液、200毫克/千克农用链霉素、200毫克/千克新植霉素、20%龙克菌悬浮剂500倍液喷雾。每隔7天1次，连续3～4次。

八、菜豆灰霉病

【为害诊断】菜豆的茎、叶、花、荚均可染病。茎部感病先从基部向上 11～15 厘米处开始出现云纹斑，周边深褐色，中部淡棕色至淡黄色，干燥时病斑表皮破裂形成纤维状，潮湿时病斑上生灰色霉层。有时病菌从茎分枝处侵入，使分枝处形成小渍斑，凹陷，继而萎蔫。成株叶片感病，形成较大的轮纹斑，后期易破裂。苗期子叶也受害，呈水渍状变软下垂，最后叶缘出现清晰的白灰霉层。

【发病规律】菜豆灰霉病是灰葡萄孢属真菌侵染引起的病害。病菌以菌丝、菌核、分生孢子越夏或越冬，是初侵染的来源。翌年，越冬病菌以菌丝在病残体上腐生并形成大量分生孢子，进行再侵染。在温度较高的情况下，不适宜病菌生活时，可形成抗性强的菌核，遇到合适条件时，菌核长出菌丝直接侵染。病菌在田间随病残体借雨水、流水、气流等传播蔓延。温度 20℃左右、相对湿度大是发病的重要条件。

【防治方法】

(1)农业防治　保护地栽培要采取高畦定植，地膜覆盖，加强棚内的通风，降低棚内湿度。适当降低密度，及时摘除病叶、病荚，清除病株残体，彻底销毁。

(2)化学防治　田间应注意检查，发现零星病斑时及时喷药。常用药剂有 10％速克灵烟剂每 667 平方米 250 克或 45％百菌清烟剂每 667 平方米 250 克，傍晚闭棚点燃。遇阴雨天可用 10％万霉灵粉尘剂，每公顷 15 千克喷粉。晴天也可用 50％速克灵可湿性粉剂 1 500 倍液或 50％扑海因可湿性粉剂 1 500 倍液、克霉灵可湿性粉剂 600 倍液喷雾。每 7 天喷 1 次，连续喷药 3 次。

九、菜豆炭疽病

【为害诊断】菜豆炭疽病是菜豆的重要病害，发生较为普遍。除为害菜豆外，还为害豇豆等。叶、茎、豆荚均可感病。苗期染病在子叶上生红褐色圆斑，凹陷呈溃疡状。成株发病，叶片上病斑多发生在叶背的叶脉上，常沿叶脉扩展成多角形小条斑，初为红褐色，后为黑褐色。叶柄和茎上病斑凹陷龟裂。豆荚上病斑暗褐色圆形，稍凹陷，边缘有深红色的晕圈。湿度大时病斑中央有粉红色黏液。

【发病规律】菜豆炭疽病是由刺盘孢属真菌侵染引起的病害。病菌主要以菌丝体在种子上越冬，是初侵染的来源。在田间靠风、雨、昆虫传播，进行再侵染。温度20～25℃、湿度大利于病害发生。在天气凉爽、多雨、多露、多雾的季节发病重。地势低洼、连作、密度过大、土壤黏重也会加重发病。

【防治方法】

(1)种子处理　用种子重0.3%的50%多菌灵粉剂拌种或用甲醛200倍液浸种30分钟，洗净晾干后播种。

(2)农业防治　与非豆科作物实行2年以上的轮作；选地势高燥，排水良好，偏沙性土壤栽培；从无病豆荚上采种。

(3)化学防治　发病初期可用75%百菌清可湿性粉剂600倍液或50%甲基托布津可湿性粉剂800倍液、1：1：240波尔多液每公顷750千克喷雾。间隔7天1次，共喷药2～3次。

十、菜豆菌核病

【为害诊断】菜豆菌核病主要发生在保护地栽培的春菜豆和秋延后菜豆上。发病时，多从茎基部或第一分枝分杈处开始，初水渍状，逐渐发展呈灰白色，茎表皮发干崩裂，呈纤维状。潮湿时，在病组织中间生成鼠粪状黑色菌核，病斑表面形成白色霉层，严重时导致植株萎蔫枯死。

【发病规律】菜豆菌核病是由核盘菌侵染引起的真菌病害。病菌以菌核在种子、病株残体、堆肥上越冬，成为早春初侵染的来源。在田间主要以子囊孢子和菌丝借露、气流、雨水传播，侵染、蔓延。病菌发生的适宜温度5～20℃，最适温度15℃，相对湿度100%。在冷凉、潮湿的条件下发病较重。

【防治方法】

(1)种子处理　种子混有菌核时，可用10%盐水选种，彻底剔除菌核，用清水洗净后播种。

(2)农业防治　在无病株上留种；实行轮作；拉秧时清除病株残体，结合整地进行深翻；将菌核埋入土壤深层；不偏施氮肥，增施磷、钾肥提高植株抗性；实行地膜覆盖，阻隔子囊盘出土；适当提高棚内温度(25℃)，及时摘除老叶。

(3)化学防治　发病初期及时喷药保护，对老叶与植株基部土壤重点喷药。常用药剂有10%速克灵烟剂，每公顷每次3.75千克，傍晚点燃；或40%菌核净可湿性粉剂1 000倍液、50%多菌灵可湿性粉剂800倍液喷雾。每隔10天1次，共喷药2～3次。

十一、豆野螟

属鳞翅目螟蛾科。又名豇豆野螟、豇豆钻心虫、豆荚野螟、豆野螟、豆荚螟、豆螟蛾、大豆螟蛾。分布于北起吉林、内蒙古，南至台湾、广东、广西、云南，以长江以南发生严重。

【形态特征】成虫体长约13毫米，翅展24～26毫米，暗黄褐色。前翅黄褐色，前缘色较淡，在中室端部有一个白色透明斑，在中室内及中室下方各有1个白色透明的小斑纹。后翅白色半透明，内侧有暗棕色波状纹。前后翅均具紫色闪光。卵大小0.6毫米×0.4毫米，扁平，椭圆形，初产时淡黄绿色，后变淡黄色，有光泽，表面具六角形网状纹。幼虫共5龄，老熟幼虫体长约18毫米，体黄绿色，头部及前胸背板褐色。中、后胸背板上有黑褐色毛片6个，排列成两排，前列4个较大，各具2根刚毛，后列2个较小无刚毛；腹部各节背面具同样毛片6个，但各自只1根刚毛。蛹长11～13毫米，初化蛹时黄绿色，复眼浅褐色，后变黄褐色，复眼红褐色。羽化前在褐色翅芽上能见到成虫前翅的透明斑。蛹体外被白色的薄茧丝。

【为害诊断】豆野螟年发生代数各地不同。在西北各省4～5代，河南、江苏5代，武汉、南昌5～6代，福建、台湾6～7代，杭州7代，广东9代。在西北以蛹在土中越冬。每年6～10月为幼虫为害期。浙江杭州于5月下旬至6月上旬始见成虫，7～8月为害最为严重，9月以后为害减轻，10月下旬至11月上旬幼虫入土，以预蛹越冬。

成虫白天隐藏在植株的隐蔽处，偶尔见之，趋光性较弱，以夜间活动为主。成虫寿命7～12天不等。卵散产或多粒产，平均每雌产卵80多粒，大部分卵产在含苞欲放的花蕾或花瓣上。初孵幼虫蛀入花蕾，可在花蕾中取食一直到老熟幼虫，然后脱落化蛹，或当受害花瓣粘在豆荚顶部或粘在豆荚上时，蛀入豆荚继续为害。老熟幼虫落地化蛹。3龄幼虫开始排出大量的粪便，若遇雨天容易引起腐烂。

豆野螟发育适温25～30℃，相对湿度80%左右。在杭州，7～8月高温季节，卵期2～3天，幼虫期6～8天，蛹期7～9天；6月至10月，一个发育期需25～30天。

【防治方法】

(1)农业防治　及时清洁田间落花、落荚，并摘除受害的卷叶和豆荚，以减少虫源。

(2)生物防治　当前主要推广应用苏云金杆菌(Bt)、阿维菌素系列生物农药防治，或两者复配的生物农药防治。可用16 000国际单位Bt可湿性粉剂600倍液或1%阿维菌素乳油1 000倍液防治。

(3)防虫网覆盖　保护地可采用防虫网覆盖栽培豇豆，播种前深翻土壤进行一次消毒，可有效隔离各种害虫为害豇豆。

(4)化学防治　根据该虫为害生活习性，化学防治应掌握在花期进行挑治。在6月初至8月期间对不同播种期豇豆，抓住第一次花期，每隔5天喷1次，连续喷施2次，然后视虫情酌情喷施，但一般不超过7天。注意重点喷施花蕾、嫩荚和落地花，一定要在傍晚18点后喷药，以提高防效。可选择5%抑太保乳油1 500倍液、48%乐斯本乳油1 000倍液、52.5%农地乐乳油2 500倍液、2.5%溴氰菊酯(敌杀死)乳油3 000倍液等药剂。注意药剂交替使用，各类农药使用严格按照安全间隔期有关规定进行。

十二、豆荚螟

属鳞翅目螟蛾科。又名豆蛀虫、豆荚蛀虫、豆荚斑螟、红虫、红瓣虫、大豆荚螟。在国内自东北南部至台湾都有分布，但以华东、华中、华南发生量大，是大豆的主要害虫之一，尤以春、夏播大豆受害最重。

【形态特征】成虫体长 10～12 毫米，翅展 20～24 毫米，全体灰褐色。触角丝形，雄虫鞭节基部有一丛灰白色鳞毛。前翅狭长，从肩角至翅尖近前缘处有一明显白色纵带，近翅基 1/3 处有 1 条金黄色宽横带，在此带的内方鳞片较厚且色深。后翅黄白色，沿外缘有褐纹 1 条。雄蛾腹部末端圆钝，且有长鳞毛丛；雌蛾腹部锥形，鳞毛较少。卵长约 0.5 毫米。卵壳表面密布不规则网状凸起。初产时乳白色，后渐变红色，孵化前一天呈淡黄色。成熟幼虫体长 14～18 毫米。幼虫体色变化大，初孵化时橘黄色，渐转白色至绿色；老熟时背面紫红色，腹面绿色，结茧后又变为黄绿色。第一至第三龄幼虫前胸盾上有黑色“山”形纹；第四至第五龄前胸盾中央有“人”字形黑纹，近后缘中央还有黑斑 2 个。腹足趾钩双序全环。蛹长约 10 毫米，宽约 3 毫米，黄褐色。羽化前 2 天颜色加深。腹部末端圆钝，有 6 根钩刺。茧长椭圆形，白色丝质，外附土粒。

【为害诊断】以幼虫在豆荚内蛀食豆粒，轻者不能食用，重者豆粒全被食空，严重影响豆子的产量和质量。

【防治方法】参见豆野螟。

十三、豆卷叶螟

属鳞翅目螟蛾科。又名豆蚀叶野螟、大豆卷叶虫、豆三条野螟。在内蒙古、河北、江苏、浙江、江西、福建、台湾、广东、湖北、四川、河南等省（区）均有分布。

【形态特征】成虫体长 10 毫米，翅展 18～21 毫米，黄褐色，胸部两侧附有黑纹。翅面有黑色鳞片。前翅外缘黑色，翅中有黑色横纹 3 条，内横线外侧有黑点。后翅外缘也为黑色，仅有 2 条黑色横线。卵椭圆形，淡绿色。末龄幼虫体长约17毫米，头部及前胸背板淡黄色，口器褐色，胸部淡绿色，气门环黄色。亚背线、气门上下线及基线处有小黑纹。体表被细毛。蛹长12毫米，褐色。

【为害诊断】幼虫缀叶取食，使叶片呈缺刻或穿孔，发生严重时，影响产量。

【防治方法】防治豇豆荚螟时即可兼治此虫。

十四、豆银纹夜蛾

又名黑点银纹夜蛾、黑点丫纹夜蛾、豌豆造桥虫、豌豆黏虫、豆步虫。

【形态特征】成虫体长约17毫米，翅展34毫米，黑褐色。后胸及第一、第三腹节背面有褐色毛块。前翅中央具显著的银色斑点及"U"形银纹；后翅淡褐色，外缘黑褐色。卵半球形，黄绿色，表面具纵横网格。末龄幼虫体长32毫米；头部褐色，两颊具黑斑；胴部黄绿色，背面具8条淡色纵纹，气门线淡黄色；胸足3对，黑色；腹足2对、尾足1对，黄绿色。蛹长15～20毫米，褐色，臀棘具分叉刺，周围有4个小钩。茧薄，由外面可见到蛹形。

【为害诊断】幼虫食叶成孔洞或缺刻，影响作物生长。

【防治方法】常用杀虫剂均有效。在甘蓝、白菜上不单独防治，在防治菜青虫、菜蛾时即可兼治此虫。

十五、肾毒蛾

属鳞翅目毒蛾科，又名豆毒。分布于北起黑龙江、内蒙古、南至台湾、广东、广西、云南等地。

【形态特征】成虫翅展雄34～40毫米、雌45～50毫米。触角干褐黄色，栉齿褐色；下唇须、头、胸和足深黄褐色；腹部褐黄色；后胸和第二、第三腹节背面各有一黑色短毛束；前翅内区前半褐色，布满白色鳞片；后半黄褐色，内线为一褐色宽带，内侧衬白色细线。横脉纹肾形，褐黄色，深褐色边，外线深褐色，微向外弯曲。中区前半褐黄色，后半褐色布白鳞。亚端线深褐色，外线与亚端线间黄褐色，前端色浅。端线深褐色衬白色，在臀角处内凸，缘毛深褐色与褐黄色相间。后翅淡黄色带褐色。前、后翅反面黄褐色，横脉纹、外线、亚端线和缘毛黑褐色。幼虫体长 40 毫米左右，头部黑褐色，有光泽，上生褐色次生刚毛，体黑褐色，亚背线和气门下线为橙褐色间断的线。前胸背板褐色，有褐色毛；前胸背面两侧各有一黑色大瘤，上生向前伸的长毛束，其余各瘤褐色，上生白褐色毛，瘤上有白色羽状毛（除前胸及第 1～4 腹节外）。第 1～4 腹节背面有暗黄褐色短毛刷，第 8 腹节背面有黑褐色毛束。胸足黑褐色，每节上方白色，跗节有褐色长毛；腹足暗褐色。

【为害诊断】幼虫食叶，影响作物生长发育。

【防治方法】灯光诱杀成虫；喷药防治豆株其他害虫时可兼治。

十六、美洲斑潜蝇

属双翅目潜蝇科，又名蔬菜斑潜蝇、苜蓿斑潜蝇、甘蓝斑潜蝇、豆潜叶蝇等，是一种世界性分布的蔬菜、花卉等主要作物的重要害虫。自 1994 年在我国南方发现以来，已迅速扩散蔓延到全国各省、直辖市、自治区。

【形态特征】成虫体长 1.3～2.3 毫米，浅灰黑色，胸背板亮黑色，腹部大多数黑色，背板两侧为黄色，小盾片鲜黄色。雌虫比雄虫稍大。卵米色，半透明，大小(0.2～0.3)毫米×(0.1～0.15)毫米。幼虫共 3 龄，长约 3 毫米，蛆状。初孵无色，后变橙黄色。蛹椭圆形，大小(1.7～2.3)毫米×(0.5～0.75)毫米，橙黄色，腹面稍扁平。

【为害诊断】美洲斑潜蝇以幼虫蛀食上、下表皮之间的叶肉组织，形成干褐区域的黄白色虫道，蛇形弯曲，无规则，虫粪线状。可使叶片光合作用下降，影响产量和质量，使蔬菜失去食用价值。浙江年发生 13～15 代，上海年发生 9～11 代。保护地周年发生，世代重叠现象十分严重，露地以蛹越冬。

【防治方法】

(1)严格检疫　防止该虫扩大蔓延，特别注意严禁从疫区调运蔬菜和花卉。

(2)农业防治 收获后及时清除寄主残体，夏季大棚蔬菜换茬时灌水高温闷棚 5 天以上，减少田间虫源。

(3)黄板诱杀 在成虫发生盛期，采用黄板诱杀成虫，每公顷设置 225～300 个诱杀点，3 天换一次板。

(4)化学防治 春季结合蚜虫进行防治。一般 4～6 月底豆类作物斑潜蝇发生较轻，可在豇豆出苗子叶至 5 片真叶期间用药 1 次，其他时间可不考虑防治。7～9 月发生较重，当平均作物每叶有 5 头幼虫时，掌握在 2 龄幼虫期前(虫道 0.3～0.5 厘米)喷施，每隔 7 天 1 次，连续 2～3 次。可选用 75%灭蝇胺可湿性粉剂 3 000～5 000 倍液、48%乐斯本乳油1 000倍液、1%阿维菌素乳油 1 500 倍液、52.5%农地乐乳油 1 000 倍液、25%灭幼脲悬乳剂 1 000 倍液、2.5%溴氰菊酯(敌杀死)乳油 3 000 倍液等药剂。注意交替使用。各类农药使用严格按照安全间隔期有关规定进行。

十七、豌豆潜叶蝇

又名豌豆植潜蝇、油菜潜叶蝇、刮叶虫、夹叶虫、叶蛆。学名 *Phytomyza atriconis* Meigen、*P. nigtrcprnis* Goureau。北起黑龙江、内蒙古，南至广东、广西、贵州、云南均有分布。

【形态特征】成虫体长 2～3 毫米，雌虫略小。头部黄色，复眼大，椭圆形，黑褐色或红褐色。触角短小，黑色，第三节近圆形，触角芒细长，其长度超过触角第三节长度的 2 倍。胸部、腹部及足灰黑色，但中胸侧板、翅基、腿节末端、各腹节后缘黄色。前翅半透明，白色，略带紫色反光，翅脉简单。卵长约 0.3 毫米，长椭圆形，淡灰白色，表面有皱纹，略透明。老熟幼虫体长 2.9～3.4 毫米，蛆形，初孵时乳白色，取食后变黄白色或鲜黄色，体表光滑透明，头部小。第一龄幼虫只有后气门，而无前气门；二龄幼虫前、后气门均存在。前气门成叉状，向前伸出；后气门在腹部末端背面，为一对明显的小凸起，末端褐色。蛹长 2～2.6 毫米，长卵圆形，稍扁，长约 2.5 毫米，宽约 1 毫米。蛹壳坚硬，初化蛹时淡黄色，后变黄褐色至黑褐色，前、后气门均长于凸起上。

【为害诊断】幼虫潜叶为害，蛀食叶肉留下上下表皮，形成灰白色迂回曲折虫道，影响蔬菜生长。严重时使叶片枯黄、脱落。豌豆受害后，影响豆荚饱满及种子品质和产量。

【防治方法】

(1)农业防治　蔬菜收获后，及时处理残株余叶，减少菜地内成虫羽化数量，压低虫口。早春大量发生前，清除田内及田边杂草，做好清除虫源工作；同时在油菜未封行前，摘除老黄脚叶，可降低田间虫口密度。

(2)化学防治　应抓住害虫产卵盛期至孵化初期用药防治。药剂可选用75%灭蝇胺可湿性粉剂4 000～6 000倍液、48%乐斯本乳油1 000倍液、1.8%阿维菌素乳油3 000倍液、52.5%农地乐乳油1 000倍液、2.5%溴氰菊酯(敌杀死)乳油3 000倍液等药剂。注意交替使用，各类农药使用严格按照安全间隔期有关规定进行。

十八、豆秆黑潜蝇

属双翅目潜蝇科。分布于北起吉林、南抵台湾。

【形态特征】成虫为小型蝇，体长2.5毫米左右，体色黑亮，腹部有蓝绿色光泽，复眼暗红色；触角3节，第3节钝圆，其背中央生有角芒1根，长度为触角的3倍，仅具毳毛。前翅膜质透明，具淡紫色光泽，Sc脉全长发达，在到达C脉之前与R脉联合，r-m横脉位于中室近端部2/5处，腋瓣和缘缨白色。无小盾前鬃，平衡棍全黑色。雄虫下生殖板甚宽，阳茎内突长，基阳体与端阳体复合体由膜质部分开较远；雌虫产卵器瓣浅褐色，锯齿约28枚，齿端部稍钝圆。卵长椭圆形，0.31～0.35毫米，乳白色，稍透明。三龄幼虫体长约3.3毫米。额凸起缺如，或仅稍隆起；口钩每颚具1端齿。端齿尖锐，具侧骨。下口骨后方中部骨化较浅。前气门短小，指形，具8～9个开孔，排成2行；后气门棕黑色，烛台形，具6～8个开孔，沿边缘排列，中部有几个黑色骨化尖突，体乳白色。蛹长筒形，长2～5毫米，宽2.8毫米，黄棕色。前、后气门明显突出，前气门短，向两侧伸出；后气门烛台状，中部有几个黑色尖突。

【为害诊断】幼虫钻蛀为害，造成茎秆中空，植株因水分和养分受阻而逐渐枯死。苗期受害，因水分和养分输送受阻，有机养料累积，刺激细胞增生，形成根茎部肿大，全株铁锈色，比健株显著矮化。重者茎中空、叶脱落，以致死亡。后期受害，造成花、荚、叶过早脱落，千粒重降低而减产。发生严重地区主茎受害株率达100%，分枝和叶柄亦严重受害。大豆受豆秆黑潜蝇为害后，产量严重受损。单株有虫 1 条(主茎)减产 25%左右；单株有虫 2 条或 2 条以上，减产可达 40%以上。减产的主要因素是单株结荚减少，其次是百荚鲜重降低。

【防治方法】

(1)确定防治重点　根据豆秆黑潜蝇的发生规律和在不同类型大豆上的为害程度，其防治的重点应是夏、秋大豆，而在春大豆及早播夏大豆上为害较轻，一般不必进行防治。鉴于豆株受害时期越早，受害越重，产量损失越大，且豆秆黑潜蝇幼虫潜入主茎后药剂很难再起作用，在防治时期上应在大豆两片叶展开时立即用药，宜早不宜迟。

(2)农业防治　及时处理秸秆和根茬，减少越冬虫源。

(3)化学防治　在防治农药上应首选锐劲特，在方法上以拌种结合喷雾为好，先按每千克大豆种子用 5%锐劲特悬浮剂 6 毫升用少量水稀释后与大豆种子搅拌均匀，装入塑料袋闷种 1 小时左右播种；再在第一复叶全展前用 5%锐劲特悬浮剂 2 000 倍液细喷雾。据浙江萧山试验，锐劲特对豆秆黑潜蝇的防效好、持效长，在用药后 7 天、15 天时防效均达 100%，35 天时防效仍有 79.8%，且锐劲特处理后，大豆出苗整齐，对生长亦有一定的促进作用。其次可选用生物农药虫螨光(即阿维菌素)。据浙江萧山试验，1.8%虫螨光(阿维菌素)乳油 2 000 倍液在大豆单叶全展及第一复叶期连续喷雾二次，在用药后 7 天、15 天、35 天的防效分别达 94.7%、81.8%、37.2%。也可采用 50%辛硫磷乳油 1 000 倍液或 2.5%保得乳油3 000倍液、21%灭杀毙乳油 3 000 倍液等农药，在豆株苗期作为防治重点。

十九、豌豆象

属鞘翅目豆象科，又名豆牛。原产于欧洲，现已分布于全世界。我国大部分省均有不同程度的发生和为害。

【形态特征】成虫体长4～5毫米、宽2.6～2.8毫米，长椭圆形，黑色。触角基部4节。前、中足胫节、跗节为褐色或浅褐色。头具刻点，被淡褐色毛。前胸背板较宽，刻点密，被黑色与灰白色毛。后缘中叶有三角形毛斑，前端窄，两侧中间前方各有一个向后指的尖齿。小盾片近方形，后缘凹，被白色毛。鞘翅具10条纵纹，覆褐色毛，沿基部混有白色毛，中部稍后向外缘有白色毛组成的一条斜纹，再后近鞘翅缝有一列间隔的白色毛点，臀区覆深褐色毛，后缘两侧与端部中间两侧有4个黑斑，后缘斑常被鞘翅所覆盖；后足腿节近端处外缘有一个明显的长尖齿。雄虫中足胫节末端有一根尖刺，雌虫则无。卵橘红色，较细的一端有长约0.5毫米的丝状物2根。幼虫复变态，共4龄。1龄幼虫略呈衣鱼型，胸足3对，短小无爪，前胸背板具刺；老熟幼虫体长小5～6毫米，短而肥胖，多皱褶，略弯成C形，乳白色，头黑色，胸足退化成小凸起，无行动能力。蛹长5.5毫米，初为乳白色，后转淡褐色，前胸背板侧缘中央略前方各具一个向后伸的齿状突起；鞘翅具暗褐色斑5个。

【为害诊断】主要以幼虫为害新鲜豌豆豆粒，不但影响产量、出粉率和种子发芽率，并且受害豆荚气味难闻，不能食用。

【防治方法】

(1)田间防治　掌握在豌豆结荚期(成虫产卵盛期)及幼虫孵化盛期，喷洒90%晶体敌百虫1 000倍液、40%二嗪磷乳油1 500倍液、2.5%敌杀死乳油5 000倍液、5%锐劲特悬浮剂2 500倍液，可防治产卵的成虫和初孵幼虫。

(2)采收结束后防治　①豌豆脱粒后，立即曝晒5～6天，可杀死豆粒内幼虫90%以上。②当豌豆量不大时，可将曝晒后立即收到塑料袋中并扎紧，或埋进干净麦糠堆里，密闭贮藏半个月至一个月，可杀死所有成、幼虫。③豌豆量大时，在豌豆收获半个月内，将脱粒晒干后的种子，置于密闭容器内，用56%磷化铝熏蒸，每200千克豌豆用药量3.3克(1片)，密闭3天后，再晾4天。必须严格遵守熏蒸的要求和操作规程，避免人畜中毒。

二十、蚕豆象

属鞘翅目豆象科，又名豆牛、豆乌龟、蚕豆红脚象。蚕豆象原产自欧洲，现遍及我国华东、华中、华南等蚕豆产区。

【形态特征】成虫体长4～5毫米，宽约2.7毫米，椭圆形，黑色。触角基部4节。上唇与前足浅褐色。头部点刻密，着生黄褐与淡黄色毛。前胸背板宽，后缘中叶有一个三角形白色毛斑，前端中间与两侧各有一个白色毛斑，两侧中间有一个向外的钝齿；小盾片近方形，后缘凹。鞘翅具小刻点，被褐色或灰白色毛，各有10条纵纹，近翅缝向外缘有灰白色毛点形成的横带。臀板中间两侧有2个不明显的斑点。腹部腹板两侧各有一个灰白色毛斑。后足腿节近端部外缘有一个短而钝的齿。卵黄白色，较细的一端无丝状物。幼虫体长约6毫米，乳白色，有红褐色背线，额前有较宽并向两侧延伸的红褐色带包围触角基部，并在前缘中央向下弯曲。上颚较大。蛹前胸背板及鞘翅上密生细皱纹，前胸两侧各具一个不明显的齿状凸起。

【为害诊断】以幼虫蛀食蚕豆豆粒，将豆粒蛀食成空洞，影响产量和品质。若蚕豆胚部受害或单个豆粒上有多个羽化孔时，还影响其发芽，间接影响下一年产量，是蚕豆上的一种重要害虫。

【防治方法】防治方法参见豌豆象的防治技术。

二十一、豆蚜

属同翅目蚜科，又名花生蚜、苜蓿蚜。除西藏未见报道外，其他各省均有分布。主要为害豇豆、菜豆、蚕豆、豌豆、花生、黄花苜蓿、紫云英等。

【形态特征】有翅胎生雌蚜体长1.5～1.8毫米，展翅5～6毫米，黑色或黑褐色带有光泽，触角6节，第1、第2节黑褐色，第3、第4节黄白色，第3节有5～7个感觉圈，腹管较长。无翅胎生雌蚜体长1.8～2.4毫米，体肥胖黑色、墨绿色、紫黑色等，具有光泽，体被均匀蜡粉。触角6节，第1、第2、第5、第6节黑色，其余黄白色，腹管黑色，长圆形，尾片黑色圆锥形，两侧各具长毛3根。若蚜共4龄，体形和体色与无翅成蚜相似，灰紫色或黑褐色。

【为害诊断】山东年发生20代，浙江、江西等地年发生30代，华南地区30～40代。以成、若蚜在蚕豆、冬豌豆、紫云英等豆科作物心叶或叶背越冬。3月平均气温达到8～10℃时在越冬寄主繁殖，4月下旬至5月上旬为豆蚜全年发生高峰。5月后迁入菜豆、豇豆、花生等继续繁殖为害，虫口密度大时，危害严重。8月产生有翅芽向秋豇豆和秋菜豆迁飞繁殖，10月下旬以后随气温下降和寄主衰老，又产生有翅蚜向紫云英、蚕豆冬寄主转移，并越冬。

适宜豆蚜发育的最适温度为22～26℃，相对湿度60%～70%，4～6天可完成1代。成蚜或若蚜群集刺吸嫩叶、嫩茎、嫩花及嫩荚的汁液，造成叶片卷缩发黄，豆荚发黄，植株生长不良。为害留种植株的嫩叶、嫩茎、嫩荚和花梗。该虫可分泌大量蜜露，引起煤污病，叶面铺上一层黑色霉菌，影响光合作用，减产严重。

【防治方法】参考菜蚜部分。

第九章　葱蒜类蔬菜病虫害及防治

一、大葱锈病

【为害诊断】主要为害叶、花梗及绿色茎部。发病初期表皮上产生椭圆形、稍隆起的橙黄色疱斑，后表皮破裂向外翻，散出橙黄色粉末，即夏孢子堆及夏孢子。秋后疱斑变为黑褐色，破裂时散出暗褐色粉末，即冬孢子堆和冬孢子。病情严重时，病斑布满整个叶片，失去食用价值。

【发病规律】南方以橙黄色的粉末（夏孢子）在葱、蒜或韭菜上辗转为害，或在活体上过冬。次年夏孢子随气流传播进行初侵染和再侵染。当夏孢子飘落在葱叶上以后，夏孢子即萌发，从寄主气孔或表皮侵入。萌发适温 9～18℃，高于 24℃孢子萌发率明显下降，潜育期 10 天左右。一般在气温偏低或肥料不足、生长不良的田块发病重。

【防治方法】

（1）农业防治　实行与非百合科蔬菜轮作；施足有机肥，增施磷、钾肥，提高抗病力；高畦栽培，降低田间湿度；及时清洁田园，减少病菌的传播。

（2）化学防治　发病初期喷洒 40％福星乳油 8 000～10 000 倍液，喷施后数小时就能渗入植株体内。药剂的再分布性强，耐雨水冲刷，可在田间初发现病害时，立即用福星喷施，一般用药 1～2 次之后即能控制病害的扩展。或用 20％三唑酮乳剂 2 000 倍液、15％三唑酮可湿性粉剂 1 500 倍液、50％萎锈灵乳油 700～800 倍液、25％敌力脱乳油 3 000 倍液、75％灭锈胺可湿性粉剂 1 000 倍液、12.5％速保利 4 000 倍液等药剂喷雾。在发病初期喷施，隔 7～10天再喷施 1 次，共喷 2～3 次。

二、大葱紫斑病

【为害诊断】主要为害叶和花梗。初呈水渍状白色小点，后变淡褐色圆形或纺锤形稍凹陷斑，继续扩大呈褐色或暗紫色，周围常具黄色晕圈，病斑上长出深褐色或黑灰色同心轮纹状霉。若病斑继续扩大，可使全叶变枯黄或折断。若留种田的花梗上发病，可使种子皱瘪，不能充分成熟，影响发芽率。病斑上的黑色霉状物，即病菌分生孢子梗和分生孢子。

【发病规律】南方病菌以分生孢子在葱类植物上辗转为害，北方寒冷地区则以菌丝体在寄主植株体内或随病残体越冬。翌年条件适宜时产出分生孢子，借气流或雨水传播。经气孔、伤口或直接穿透表皮侵入。潜育期1～4天。发病的适宜温度25～27℃，若低于12℃则不发病。病菌产孢需高湿度，孢子萌发和侵入需有水滴存在，因此，病害能否发生与流行取决于当年的雨日、雨量和寄主生长状况。一般在温暖多湿的条件下发病重。此外，若基肥不足、沙性土、老苗田、连作地、长势差、管理粗放和受葱蓟马为害重的田块发病也重。

【防治方法】

(1)农业措施　实行与非百合科蔬菜实行2年以上轮作。选用无病种子，必要时种子用40%甲醛300倍液浸3小时，浸后及时洗净。鳞茎可用40～45℃温水浸1.5小时消毒。

(2)加强培育管理　选用较抗病品种，如紫皮洋葱较抗病，白皮品种较感病；抓好田间排水工作，发病后适当控制浇水；多施底肥，增施磷、钾肥；及时治虫，促使植株生长健壮，增强植株的抗病能力。收获后及时做好清园工作，集中病残体，烧毁或沤肥。

(3)化学防治　发病初期喷施50%扑海因可湿性粉剂1 500倍液或80%大生可湿性粉剂600倍液、72%克露(或霜霸)粉剂600倍液、64%杀毒矾粉剂500倍液、40%大富丹可湿性粉剂500倍液、75%百菌清可湿性粉剂500～600倍液、58%甲霜灵·锰锌可湿性粉剂500倍液。隔7～10天再喷1次，根据当时的气候情况决定喷药的次数，若阴雨连绵应适当增加喷药的次数。

(4)适期收获　适时收获，低温贮藏，防止病害在贮藏期继续蔓延。尤其是洋葱，应掌握在葱头顶部成熟时收获，收后适当晾晒至鳞茎外部干燥后入窖，窖温控制在0℃，相对湿度65%以下。

三、葱软腐病

【为害诊断】在大葱或圆葱生长后期，植株外部的1～2片叶片基部产生半透明灰白色斑，叶鞘基部软化腐烂，致使外叶折倒，并继续向内扩展，使整株葱呈水渍状软腐，并伴有恶臭。此病为细菌侵染所致。

【发病规律】葱软腐病菌可在感病葱及其他蔬菜上越冬，也能在土壤中腐生，通过未腐熟的肥料及雨水和灌溉水传播蔓延，通过伤口侵入。种蝇、韭蛆及蛴螬等地下害虫为害重的地块均易引发该病的发生。低洼、连作地或植株徒长易发病。

【防治方法】

(1)农业措施　培育壮苗，适时移栽；施足基肥，增施磷、钾肥，提高植株的抗逆能力。应选晴天适时收获，防止鳞茎带土，避免贮运期病害发生。

(2)及时防治蓟马、蝇等害虫。

(3)化学防治　可选用20%龙克菌可湿性粉剂500倍液或12%绿乳铜乳油500倍液、77%可杀得可湿性粉剂500～600倍液、5%菌毒清乳剂300倍液、50%琥胶肥酸铜可湿性粉剂500倍液、14%络氨铜水剂300倍液、72%农用链霉素可溶性粉剂4 000倍液、新植霉素4 000～5 000倍液。在发病初期喷施，隔5～7天再喷施1次。喷药时应注重对植株基部喷施。

四、葱霜霉病

【为害诊断】寄主在南方以洋葱为主，在北方以大葱为主。主要为害叶、花梗，有时发展到鳞茎。初期在叶上产生黄白色或乳黄色的病斑，呈纺锤形或椭圆形，其上产生白霉，后变暗紫色。若在叶的中、下部感病，则在感病部的上部叶干枯死亡；若在葱的基部感染，能使病株矮缩，叶畸形或扭曲，湿度大时病部长出大量白霉。

【发病规律】病菌主要以卵孢子在感病植株、种子和土壤中越冬。第二年春季病菌孢子从叶的气孔侵入。发病的最适温度为13～18℃。在湿度大的条件下，病斑上产生孢子囊，依靠风、雨和昆虫等进行传播。一般在地势低洼、排水不良或连作地发病重。连阴雨和早、晚浓雾的天气条件易致该病的大发生。

【防治方法】

(1)选栽抗病品种　红皮洋葱品种抗病，其次为黄皮，而白皮品种感病；从无病田或无病株上采种，或用50℃温水浸种25分钟，再移入冷水中冷却后播种或用种子重量0.3%的25%瑞毒霉拌种。

(2)栽培管理　选择地势高燥或排水方便的地块种植；与非葱类作物实行2～3年轮作；清洁田园，将病株、叶清除，带出田外，并集中烧毁。

(3)化学防治　发病初期喷施72%克露可湿性粉剂600倍液或64%杀毒矾可湿性粉剂600倍液、72.2%普力克(或霜霉威)水剂700倍液、58%雷多米尔一锰锌可湿性粉剂500倍液、50%安克可湿性粉剂1 500～2 000倍液、52.5%抑快净水分散粒剂2 500倍液等药剂。隔7～10天1次，连续防治2～3次。

五、葱、韭灰霉病

【为害诊断】在大葱叶上最初出现椭圆或近圆形白色斑点，且多数发生于叶尖，以后逐渐向下发展，并连成一片，致使葱叶卷曲枯死。当湿度大时，可在枯叶上产生大量灰霉。在韭菜上主要为害叶片，病害由叶尖向下发展，引起上半部甚至整叶干枯。发病初期在叶正面(较多)或背面散生白色至浅灰褐色小斑点，后扩大呈椭圆形至梭形，大小2～7毫米。病症一般不明显，仅在湿度大时病斑上长出稀疏的灰褐色霉层，为病菌的分生孢子梗和分生孢子。后期病斑相互连接成片，致使上半叶或全叶枯焦。有时，收割后可从刀口处向下腐烂，形成“V”字形病斑。距离地面较近的老叶，因湿度大、生长弱易发病。

【发病规律】灰霉病以菌丝、分生孢子和菌核在土壤中越冬。深埋15厘米土下的菌核，经21个月，成活率仍为79%。次年春季，当气温逐日上升后，菌核上长出菌丝体和分生孢子梗，产生分生孢子，借气流传播蔓延。病菌从气孔侵入，侵染叶片。温度15～21℃，在湿度大(80%以上)时，病部出现白色斑点，以后病部出现褐色或灰褐色毛状霉，随着气流、雨水和农事操作传播，进行再侵染。在气候温暖地区，多以分生孢子在病残体上越冬。病菌菌丝生长温度4～32℃，适温20～22℃，产生菌核适温27℃左右。当白天温度在20℃以上、湿度70%以上时，病害蔓延迅速。保护地内的温度较高、湿度大更易使病害流行。排水不良、种植密度大、偏施氮肥、光照不足等发病较重。

【防治方法】

(1)农业措施　实行与非百合科蔬菜2年以上轮作；选用抗病品种，如中韭2号、河南791、津南青等；培育壮苗，多施有机肥，及时追肥、除草，提高植株抗病力。发病期间要严格控制浇水。韭菜、葱收割后，及时清除出病残体，防止病菌蔓延。

(2)加强通风透光　适时通风降湿，通风量要根据葱、韭的长势确定，刚割过的韭菜或外界温低，通风要小或延迟，严防扫地风。

(3)化学防治　发病初期喷施50%速克灵可湿性粉剂2 000倍液或50%扑海因可湿性粉剂1 000倍液、50%万霉灵可湿性粉剂1 000倍液、10%农利灵可湿性粉剂1 500倍液、40%施佳乐悬浮剂600～800倍液、65%甲霉灵可湿性粉剂600～800倍液、50%多霉灵可湿性粉剂600～800倍液等。隔5～7天喷1次，连喷3～4次。为防止产生抗药性，提高防效，提倡轮换交替或复配使用。

六、韭菜疫病

【为害诊断】根、茎、叶、花薹等部位均可受害，尤以假茎和鳞茎受害重。叶片及花薹染病，多始于中、下部，初呈暗绿色水渍状，长5～50毫米，有时扩展到叶片或花薹的1/2，病部失水后明显缢缩，引起叶、薹下垂腐烂。湿度大时，病部产生稀疏白霉。假茎受害呈水渍状浅褐色软腐，叶鞘易脱落。湿度大时，其上长出白色稀疏霉层，即病原菌的孢子囊梗和孢子囊。鳞茎被害，根盘部呈水渍状，浅褐至暗褐色腐烂，纵切鳞茎内部组织呈浅褐色，影响植株的养分贮存，生长受到抑制，新生叶片纤弱。根部染病变褐腐烂，根毛明显减少，影响水分吸收，致使根的寿命大为缩短。

【发病规律】病菌主要以菌丝体、卵孢子及厚垣孢子随病残体在土中越冬。翌年条件适宜时，产生孢子囊和游动孢子，借风、雨或水流传播，萌发后以芽管直接侵入寄主表皮。发病后湿度大时，又在病部产生孢子囊，借风雨传播蔓延，进行重复侵染。高湿度是病害发生与流行的重要条件。一般雨水多的年份发病重。发病适温为 25～32℃。连作、田间积水、湿度大的地块发病重。

【防治方法】

(1)轮作换茬　避免连年种植，发病地与非葱蒜类和非茄科蔬菜轮作 2～3 年。

(2)选用抗病品种　早发韭 1 号、优丰 1 号韭菜。

(3)加强栽培管理　选好种植韭菜的田块，仔细平整苗床或养茬地，雨季到来前，整好田间排涝系统。露地注意排水，施足肥料。韭菜分苗时严格检查，不从病田取苗栽种。保护地要及时放风，降低棚内湿度。及时清除病株、病残体。

(4)化学防治　发病初期，可喷洒 72%克露(霜脲锰锌)可湿性粉剂 700 倍液或 69%安克锰锌可湿性粉剂 1 000 倍液、72.2%普力克水剂 600 倍液、60%琥・乙膦铝可湿性粉剂 500 倍液、25%甲霜灵可湿性粉剂 800 倍液、58%甲霜灵锰锌可湿性粉剂 600 倍液、40%乙膦铝可湿性粉剂 300 倍液、64%杀毒矾可湿性粉剂 500 倍液。隔 10 天左右 1 次，连续防治 2～3 次。

七、韭菜菌核病

【为害诊断】主要为害叶片、叶鞘或茎部。受害的叶片、叶鞘或茎基部初变褐色或灰褐色，后腐烂干枯，田间可见成片枯死株，病部可见棉絮状菌丝缠绕及由菌丛纠结成的黄白色至黄褐色或茶褐色菜籽状小菌核。

【发病规律】在寒冷地区，主要以菌丝体和菌核随病残体遗落土中越冬。翌年条件适宜时，菌核萌发产生子囊盘，子囊散射出子囊孢子进行初侵染，借气流传播蔓延，或病部菌丝与健株接触后侵染发病。在南方温暖地区，病菌有性阶段不产生或少见，主要以菌丝体和小菌核越冬。翌年小菌核萌发，伸出菌丝或患部菌丝通过接触侵染扩展。通常雨水频繁的年份或季节易发病。如种植地低洼积水或大雨后受涝、偏施氮肥及过分密植时发病重。

【防治方法】

(1)整修排灌系统，防止种植地积水或受涝。

(2)栽培管理　合理密植；避免偏施氮肥；定期喷施植宝素、喷施宝或增产菌，使植株早生快发，可缩短割韭周期；改善株间通透性，减轻受害。

(3)化学防治　及时喷药预防。每次割韭后至新株抽生期喷淋50%农利灵可湿性粉剂1 000倍液或50%扑海因可湿性粉剂1 000～1 500倍液、50%速克灵可湿性粉剂1 500～2 000倍液、40%菌核净可湿性粉剂500倍液、75%百菌清可湿性粉剂800倍液加70%甲基硫菌灵可湿性粉剂800倍液、60%防霉宝超微粉600倍液、40%多硫悬浮剂500倍液、5%井冈霉素水剂50～100微升/升。隔7～10天1次，连续防治3～4次。棚室韭菜染病可采用烟雾法或粉尘法，具体方法见黄瓜霜霉病的防治。

八、大蒜细菌性软腐病

【为害诊断】大蒜染病后，先从叶缘或中脉发病，沿叶缘或中脉形成黄白色条斑，可贯穿整个叶片，湿度大时，病部呈黄褐色软腐状。一般脚叶先发病，后逐渐向上部叶片扩展，造成全株枯黄或死亡。

【发病规律】病菌主要在遗落土中尚未腐烂的病残体上存活越冬。翌年进入雨季引起大蒜软腐，尤其早播、排水不良，或生长过旺的田块发病重。干旱时可自行缓解，对产量有明显影响。

【防治方法】发病初期开始喷洒77%可杀得可湿性粉剂500倍液或20%龙克菌悬浮剂500倍液、50%琥胶肥酸铜可湿性粉剂500倍液、12%绿乳铜乳油500倍液、14%络氨铜水剂300倍液、72%农用硫酸链霉素可溶性粉剂4 000倍液。隔7～10天1次，视病情连续防治2～3次。

九、大蒜花叶病

【为害诊断】发病初期，沿叶脉出现断续黄条点，后连接成黄绿相间长条纹，植株矮化，且个别植株心叶被邻近叶片包住，呈卷曲状畸形，长期不能完全伸展，致叶片扭曲。病株鳞茎变小，或蒜瓣及须根减少。严重的蒜瓣僵硬，贮藏期尤为明显。该病是当前生产上普遍流行的一种病害，罹病大蒜产量和品质明显下降，造成种性退化。

【发病规律】播种带毒鳞茎，出苗后即染病。田间主要通过桃蚜、葱蚜等进行非持久性传毒，以汁液摩擦传毒。管理条件差、蚜虫发生量大及与其他葱属植物连作或邻作时发病重。由于大蒜系无性繁殖，以鳞茎作为播种材料，因此植株带毒能长期随其营养体蒜瓣传至下代，以致田间已无不受病毒感染的植株，且不断扩大病毒繁殖基数，致大蒜退化变小。

【防治方法】

(1)选种无毒苗　严格选种，尽可能建立原种基地；采用轻病区大蒜的鳞茎(蒜瓣)做种，减少鳞茎带毒率。大力推广营养茎尖、生殖茎尖分生组织的离体培养，脱除大蒜鳞茎中的主要病毒。

(2)加强栽培管理　避免与大葱、韭菜等葱属植物邻作或连作，减少田间自然传播；合理肥水管理，避免早衰，提高植株抗病力。

(3)蚜虫防治　在蒜田及周围作物喷洒杀虫剂防治蚜虫，防止病毒的重复感染。使用药剂见本书蚜虫防治法。此外，还可挂银灰膜条驱蚜。

(4)化学防治　发病初期开始喷洒1.5%植病灵乳剂1 000倍液或20%病毒A可湿性粉剂500倍液、83增抗剂100倍液、抗毒剂1号水剂250～300倍液。隔10天左右1次，连续防治2～3次。可用抗毒剂1号水剂250倍液灌根，每株灌对好的药液50～100毫升。隔10～15天1次，共灌2～3次。必要时喷淋与灌根结合，效果更好。

十、韭菜迟眼蕈蚊

属双翅目眼蕈蚊科，又名韭蛆、黄脚蕈蚊。全国各地均有分布，是韭菜上的主要害虫。

【形态特征】成虫体小长2.0～4.5毫米，翅展约5毫米，体背黑褐色。复眼在头顶呈细眼桥。触角丝状，16节。足细长，褐色，胫节末端有刺2根。前翅淡烟色，缘脉及亚前缘脉较粗，后翅退化为平衡棒。雄虫略瘦小，腹部较细长，末端有1对抱握器；雌虫腹末粗大，有分两节的尾须。卵为椭圆形，白色，大小为0.24毫米×0.17毫米。幼虫体细长，老熟时体长5～7毫米，头漆黑色，有光泽，体白色，半透明，无足。蛹为裸蛹，初期黄白色，后转黄褐色，羽化前灰黑色，头铜黄色，有光泽。

【为害诊断】幼虫聚集在韭菜地下部的鳞茎和柔嫩的茎部为害。初孵幼虫先为害韭菜叶鞘基部和鳞茎的上端。春、秋两季主要为害韭菜的幼茎，引起腐烂，严重的使韭叶枯黄而死。幼虫可蛀入多年生韭菜鳞茎，重者鳞茎腐烂，整墩韭菜死亡。

【防治方法】

(1)防治策略　狠治第一代和第五代，控制第二代，并采取雨前突击用药的方法，以确保防治效果。

(2)化学防治　可在各代成虫的羽化高峰期选用2.5%敌杀死乳油或2.5%功夫乳油1 500～2 000倍液在韭菜叶面喷雾，也可用48.7%乐斯本乳油2 000倍液叶面喷雾。用于杀灭地下幼虫可选用颗粒剂撒施，即3%护地净颗粒剂每667平方米3～4千克或5%毒死蜱颗粒剂每667平方米2～3千克，撒于韭菜行间，并覆土。据试验，经施药后第35天检查，幼虫死亡率仍达90%以上，也可选用乳剂浇灌，即40%毒死蜱乳油，每667平方米200毫升加水100～150千克，用粗喷片喷淋，在施药后20天，防治效果达90%左右。

十一、葱地种蝇

属双翅目花蝇科，又名葱蝇、葱蛆、蒜蛆。全国各地均有发生。主要分布在长江流域及其以北地区。

【形态特征】成虫体长4.5～6毫米，翅展12.0～12.5毫米。前翅基背毛极短小，腹部扁平，长椭圆形，灰黄色。雄虫复眼在单眼三角区的前方接近处，雌虫复眼间距较宽，中足胫节的外上方有2根刚毛，后足胫节的内下方中央(为全胫节长的1/3～1/2部分)具有成列稀疏而大致等长的短毛。卵为长椭圆形，长径约1毫米，白色。幼虫蛆状，成熟幼虫体长9～10毫米，乳白色。腹部尾节有7对凸起，均不分叉，第1对高于第2对，第6对显著大于第5对。蛹纺锤形，长6～7毫米，红褐色至暗褐色。

【为害诊断】幼虫蛀入葱蒜等的鳞茎内取食，常群集为害，轻者蒜头畸形突出或蒜瓣裂开，重者蒜头被蛀成孔洞，引起腐烂发臭，叶片枯黄，植株逐渐凋萎，甚至成片死亡。

【防治方法】

(1)农业防治　施用充分腐熟的有机肥，施肥后应立即覆土；严格选种，选用粒大饱满、无创伤、不发霉、成熟度一致的优质蒜种；蒜母子应随剥随栽，剔除发霉、受冻蒜瓣。在北方尽量适时早播；大蒜在烂母子前适时加水、追施氨水，缩短烂母时间。若条件许可，可进行蒜、粮、棉、菜套种或轮作，减轻为害。

(2)化学防治　可用90%晶体敌百虫或40%毒死蜱乳油1 000～1 500倍液，浸泡蒜种2分钟，并及时栽种，可有效地防治蒜蛆。其余参见韭菜迟眼蕈蚊。

十二、葱潜叶蝇

属双翅目潜蝇科，又名葱斑潜叶蝇、韭菜潜叶蝇、夹叶虫、串皮干。在华北、西北及台湾等地均有分布。

【形态特征】成虫体长 2 毫米，头部黄色，头顶两侧有黑纹；复眼红褐色，周缘黄色；单眼三角区黑色；触角黄色，芒褐色。胸部黑色，有绿晕，上被淡灰色粉，肩部、翅基部及雄背的两侧淡黄色；小盾片黑色，腹部黑色，各关节处淡黄色或白色。足黄色，基节基部黑色，胫节、跗节黄色，跗节先端黑褐色。翅脉褐色，平衡棒黄色。幼虫体长 4 毫米，宽 0.5 毫米，淡黄色，细长圆筒形，尾端背面有后气门突 1 对；体壁半透明，绿色。蛹长 2.8 毫米，宽 0.8 毫米，褐色，圆筒形略扁，后端略粗。

【为害诊断】幼虫在叶组织内蛀食成隧道，呈曲线或乱麻状，影响作物生长。

【防治方法】可在成虫盛发期喷洒 50%辛硫磷乳油 1 000～1 500倍液或 0.12%天力Ⅱ号可湿性粉剂 1 000 倍液。在幼虫为害期可喷洒 75%潜克可湿性粉剂5 000～7 000 倍液或 1%阿维菌素乳油 3 000 倍液、10%吡虫啉可湿性粉剂 2 000 倍液、40%毒死蜱乳油 1 000 倍液、20%绿得福（杀虫单·阿维菌素）乳油 1 000 倍液、12%保护净（毒·吡）可湿性粉剂 800～1 000 倍液、25%爱卡士乳油 1 000 倍液。在作物收割前半个月停止使用，以防止残留农药在蔬菜上超过允许标准。

第十章　其他蔬菜病虫害及防治

一、菠菜霜霉病

【为害诊断】主要为害叶片。初期叶面产生淡黄色或苍白色、边缘不明显的病斑，后病斑扩大呈不规则形，大小不一，直径 3～17 毫米。病斑多时相互连接成大斑块，色泽由黄变褐色而枯死。叶背病斑上产生灰白色霉层，后变灰紫色，即病菌的孢囊梗和孢子囊。病害一般从植株下部叶片逐渐向上扩展，干旱时病叶枯黄，湿度大时多腐烂。严重的整株叶片变黄枯死，有的菜株呈萎缩状，多为冬前侵染所致。

【发病规律】病菌以菌丝在被害的寄主和种子上或以卵孢子在病残叶内越冬。翌春产生孢子囊，借气流、雨水、农具、昆虫及农事操作传播蔓延。孢子萌发产生芽管由寄主表皮或气孔侵入，并在病部产生孢子囊，在田间进行再侵染。在菠菜生长后期，病残菌产生卵孢子遗留在土壤或病株残叶上越夏，或依附在种子表面越夏，以后侵染秋菜。孢子囊形成适温 7～15℃，萌发适温 8～10℃，最高 30℃，最低 3℃。气温 10℃，相对湿度 85％的低温高湿条件下，或种植密度过大、积水及早播发病重。

【防治方法】

(1)加强栽培管理　早春在菠菜田内发现系统侵染的萎缩株，要及时拔除，携出田外烧毁。重病区应与其他蔬菜实行 2～3 年轮作，并做到密度适当、科学灌水及开沟排水，降低田间湿度。

(2)化学防治　发病初期开始喷洒 40％三乙膦酸铝(乙膦铝)可湿性粉剂 200～250 倍液或 58％甲霜灵·锰锌可湿性粉剂 500 倍液、64％杀毒矾可湿性粉剂 500 倍液、70％乙膦·锰锌可湿性粉剂 500 倍液、72.2％普力克(霜霉威)水剂 800 倍液、72％克露(霜脲锰锌)可湿性粉剂 700 倍液、69%安克锰锌可湿性粉剂 1 000 倍液。隔 7～10 天 1 次,连续防治 2～3 次。

二、菠菜炭疽病

【为害诊断】主要为害叶片和茎。叶片染病,病斑初为圆形或椭圆形、淡黄色的污点,后逐渐扩大成灰褐色,圆形、椭圆形或不规则形病斑,并具轮纹,中央有小黑点。采种株染病,主要发生于茎部,病斑初为梭形或纺锤形,继而病部组织干腐,易造成上部茎叶折倒。病斑上密生黑色轮纹状排列的小黑点,即病菌分生孢子盘。

【发病规律】以菌丝体在病组织内或黏附在种子上越冬,成为翌年初侵染源。翌春条件适宜时,产出分生孢子,借风、雨传播。孢子萌发后以芽管穿透表皮直接侵入表皮或由伤口侵入,经几天潜育又在病部产出分生孢子盘和分生孢子进行再侵染。高温多雨、地势低洼、栽植过密、植株生长不良发病重。

【防治方法】

(1)农业措施 种植菠杂 9 号、10 号早熟一代杂交种;从无病株上选种;播种前种子用 52℃温水浸 20 分钟,后移入冷水中冷却,晾干播种;与其他蔬菜实行 3 年以上轮作;做到合理密植;避免大水漫灌;施足有机肥,适时追肥,注意氮、磷、钾配合;清洁田园,及时清除病残体,携出田外烧毁或深埋。

(2)化学防治 棚室可选用 6.5%甲霉灵超细粉尘每公顷每次 15 千克喷粉。露地于发病初期喷洒 50%炭特灵可湿性粉剂 500 倍液或 50%多菌灵可湿性粉剂 700 倍液、40%多·硫悬浮剂 600 倍液、80%炭疽福美可湿性粉剂 800 倍液、50%甲基硫菌灵可湿性粉剂 500 倍液、25%使百克乳油 1 500 倍液、70%甲基硫菌灵可湿性粉剂 1 000 倍液加 75%百菌清可湿性粉剂 1 000 倍液。每隔 7～10 天1 次,连续防治 3～4 次。

三、芹菜叶斑病

【为害诊断】芹菜叶斑病又称早疫病、斑点病。从苗期就可发病，主要为害叶片，叶柄及茎也可受害。在叶片上初生黄绿色水渍状斑，扩大后为圆形或不规则形，大小 4～10 毫米，病斑中央灰褐色或暗褐色，边缘色稍深、界限不明晰。严重时病斑扩大汇合成片，终致叶片干枯死亡。在茎或叶柄上，初生水渍状凹陷条斑，暗褐色，大小 3～7 毫米，发病严重的全株倒伏。高湿时，上述各病部均长出灰白色霉层，即病菌分生孢子梗和分生孢子。

【发病规律】病菌以菌丝体或孢子附着在种子或病残体上及病株上越冬，也能以菌丝体在种子内越冬。春季条件适宜时，产出分生孢子，通过雨水飞溅、气流及农具或农事操作传播。从气孔或表皮直接侵入。发病后病斑上产生分生孢子，借风、雨传播进行再侵染。此菌发育适温 25～30℃。分生孢子形成适温 15～20℃，萌发适温 28℃。高温多雨或高温干旱，夜间结露重，持续时间长，易发病。尤其缺水、缺肥、灌水过多或植株生长不良发病重。

【防治方法】

(1)农业措施　选用耐病品种如津南实芹 1 号等；选用无病种子并进行种子处理。从无病株上采种，种子播种前用 48℃温水浸种 30 分钟，浸种时要不断搅拌，使种子受热均匀，到时间后捞出并立即投入冷水中降温；发病地与其他蔬菜进行 2～3 年以上轮作。

(2)加强栽培管理　合理密植；科学灌溉，防止田间湿度过高；施足有机肥并及时追肥，提高植株抗病力；发病初期摘除病叶、脚叶，集中烧毁或深埋。

(3)化学防治　发病初期喷洒 50%多菌灵可湿性粉剂 800 倍液或 50%甲基硫菌灵可湿性粉剂 500 倍液、77%可杀得可湿性粉剂 500 倍液。每隔 5～7 天 1 次，连喷 2～3 次。保护地条件下，可选用 5%百菌清粉尘剂，每公顷每次 15 千克。方法同黄瓜霜霉病；或施用 45%百菌清烟剂，每公顷每次 3 千克，隔 9 天左右 1 次。

四、芹菜斑枯病

【为害诊断】芹菜斑枯病又称晚疫病、叶枯病。芹菜叶、叶柄、茎均可染病。一般从老叶开始发病，后传染到新叶上。叶上病斑多散生，大小不等，直径3～10毫米，初为淡褐色油渍状小斑点，后逐渐扩大，中部呈褐色坏死，外缘多为深红褐色且明显，中间散生少量小黑点。另一种开始时不易与前者区别，后中央呈黄白色或灰白色。边缘聚生很多黑色小粒点，病斑外常具一圈黄色晕环，病斑直径不等。叶柄或茎部染病，病斑褐色，长圆形稍凹陷，中部散生黑色小粒点。目前，该病已成为冬春保护地芹菜的重要病害，对产量和质量影响很大。

【发病规律】主要以菌丝体在种皮内或病残体上越冬，且存活1年以上。播种带菌种子，出苗后即染病，产出分生孢子，在育苗畦内传播蔓延。在病残体上越冬的病原菌，遇适宜温、湿度条件，产出分生孢子器和分生孢子，借风、雨水飞溅将孢子传到芹菜上。孢子萌发产出芽管，经气孔或穿透表皮侵入，经8天潜育，病部又产出分生孢子进行再侵染。该病在冷凉和高湿条件下易发生，气温20～25℃，湿度大时发病重。此外，连阴雨或白天干燥，夜间有雾或露水及温度过高、过低，植株抵抗力弱时发病重。

【防治方法】

(1)选用抗病品种　如津南实芹、冬芹、夏芹、津芹、天马、上海大芹、文图拉、美国玻璃脆、西芹3号、春丰等。选用无病种子或对带病种子进行消毒；从无病株上采种或采用存放2年的陈种，如采用新种要进行温汤浸种，即48～49℃温水浸30分钟，边浸边搅拌，后移入冷水中冷却，晾干后播种。

(2)加强田间管理　施足底肥，看苗追肥，增强植株抗病力。保护地栽培要注意降温、排湿，白天控温15～20℃，高于20℃要及时放风，夜间控制在10～15℃，缩小日夜温差，减少结露，切忌大水漫灌。

(3)化学防治　保护地芹菜苗高3厘米后有可能发病，施用45%百菌清烟剂熏烟，每667平方米200～250克，或喷撒5%百菌清粉尘剂，每公顷15千克。露地可选喷75%百菌清可湿性粉剂600倍液或60%琥·乙膦铝可湿性粉剂500倍液、64%杀毒矾可湿性粉剂 500 倍液、40%多·硫悬浮剂 500 倍液、12%绿乳铜乳油 500 倍液、47%加瑞农可湿性粉剂 500 倍液。每隔 7～10 天 1 次，连续防治 2～3 次。

五、芹菜根结线虫病

【为害诊断】表现为植株生长发育受阻，颜色不正常，湿度大时，植株萎蔫。上述症状是线虫为害根部所致。根部症状常因病原线虫不同而异。根结线虫引起根部虫瘿，其严重程度取决于土壤中线虫的数量、生长的环境及植株的发育阶段。

【发病规律】【防治方法】参见番茄根结线虫。

六、莴苣霜霉病

【为害诊断】幼苗、成株均可发病，以成株受害重。主要为害叶片。病叶由植株下部向上蔓延，最初叶上生淡黄色近圆形或多角形病斑，直径 5～20 毫米。潮湿时，叶背病斑长出白霉即病菌的孢囊梗和孢子囊，后期病斑枯死变为黄褐色并连接成片，造成全叶干枯。

【发病规律】病菌在南方气温高的地区，无明显越冬现象。在北方以菌丝体在种子内或秋播莴笋上，或以卵孢子随病残体在土壤中越冬。翌年产生孢子囊，借风雨或昆虫传播。孢子囊多间接萌发，产生游动孢子；有些直接萌发，产出芽管，从寄主的表皮或气孔侵入。孢子囊萌发适温 6～10℃，侵染适温 15～17℃。此病在阴雨连绵的春末或秋季发病重；栽植过密，定植后浇水过早、过多、土壤潮湿或排水不良易发病.

【防治方法】

(1)选用抗病品种　凡根、茎、叶带紫红或深绿色的表现抗病，如红皮莴苣、尖叶子、青麻叶莴苣较抗病。

(2)加强栽培管理　合理密植；注意排水，降低田间湿度；收获后清洁田园；实行与豆科、茄科、百合科等蔬菜轮作 2～3 年。

(3)化学防治　参照菠菜霜霉病。

七、莴苣菌核病

【为害诊断】该病发生于结球莴苣的茎基部，或茎用莴笋的基部。染病部位多呈褐色水渍状腐烂。湿度大时，病部表面密生棉絮状白色菌丝体后形成菌核。菌核初为白色，后逐渐变成鼠粪状黑色颗粒状物。染病株叶片凋萎，最终全株枯死。

【发病规律】主要以菌核随病残体遗留在土壤中越冬。潮湿土壤中存活 1 年左右，干燥土壤存活 3 年以上，水中经 1 个月即腐烂死亡。菌核萌发后，产生子囊盘、子囊和子囊孢子。孢子成熟后借气流传播蔓延。初侵染是由子囊孢子萌发后产生芽管，从衰老的或局部坏死的组织中侵入。当该菌获得更强的侵染能力后，直接侵害健康茎叶。在田间病、健叶经接触菌丝即传病。温度 20℃、相对湿度高于 85%时发病重。湿度低于 70%，病害明显减轻。此外，密度过大、通风透光条件差、排水不良的低洼地块、偏施氮肥，连作地发病重。

【防治方法】

(1)选用抗病品种　如红叶莴笋、挂丝红、红皮圆叶等带红色的品种较抗病。

(2)栽培管理　培育适龄壮苗，苗龄 6～8 片真叶为宜。带土定植，提高盖膜质量，使膜紧贴地面，避免杂草滋生。合理施肥，提倡施用日本酵素菌沤制的堆肥或充分腐熟的有机肥，每 667 平方米施有机肥 3 000～4 000 千克，磷肥 7.5～10 千克，钾肥 10～15 千克，植株开盘后开始追肥，也可喷洒 0.2%～0.5%的复合肥或喷施植宝素6 000倍液、有机活性液肥(高美施)600～800 倍液，增加抗病力。

(3)地膜覆盖　适期使用黑色地膜覆盖，将出土的子囊盘阻断在膜下，使其得不到充足的散射光，大部分不能完成其发育过程，大幅度减少初侵染几率。及时摘除病叶或拔除病株，深埋，并与化学防治相结合。但在高温期要注意防止地膜吸热灼苗，必要时可在膜上撒一层细土，或浇水降温，或推迟定植期，避免高温危害。

(4)化学防治　发病初期开始喷洒 70％甲基硫菌灵可湿性粉剂 700 倍液或 50％扑海因可湿性粉剂 1 000～1 500 倍液、50％速克灵或农利灵可湿性粉剂 1500 倍液、40％菌核净可湿性粉剂 500 倍液、20％甲基立枯磷乳油 1 000 倍液。每隔 7～10 天 1 次，连续防治3～4次。

八、草莓灰霉病

【为害诊断】主要为害花器和果实，也能为害叶片。花器染病，先在花萼上出现水渍状小斑点，后逐渐扩大为椭圆形或不规则形斑，并由花萼蔓延至子房及幼果。受害幼果湿腐。湿度大时，病部产生灰褐色霉状物。果实染病，主要发生在青果期，从柱头侵入，产生水渍状，后形成淡褐色病斑，向果内部发展致使果实湿腐软化，病部产生灰色霉层，果实容易脱落，天气干燥时呈干腐状。病叶染病，先产生水渍状病斑，后病斑褪绿，呈不规则形。田间湿度大时，产生灰色霉层。

【发病规律】病菌主要以菌丝、分生孢子或菌核随病残体在土中越冬或越夏。在环境条件适宜时，分生孢子借雨水、气流及农事操作等传播，引起初次侵染，并在受害部位产生新分生孢子，进行再侵染。

该病菌喜温暖潮湿的环境，发育适温为 18～25℃，适宜相对湿度 90％以上。最易发病时期为草莓开花坐果期至采收期。早春遇寒流多，阴雨连绵，光照不足，地势低洼容易发生流行。浙江地区草莓灰霉病主要盛发期在 2 月中下旬至 5 月。

【防治方法】

(1)因地制宜选用抗病品种　如宝交早生、日本丽红、上海早、华东 10 号、戈雷拉等。

(2)加强管理　高畦深沟，地膜栽培，雨后及时排水，加强通风换气，降低相对湿度；生长期及时摘除病叶、病花和病果，注意控制肥水次数，做到晴天浇水施肥等。

(3)烟熏或喷粉　发病初期或阴雨天气，可采用 45％百菌清或一熏灵烟熏剂每 667 平方米 250 克进行熏蒸。

(4)化学防治　发病初期开始喷药，每隔 7～10 天 1 次，连续 2～3次。药剂可用 50%速克灵可湿性粉剂 1 500 倍液或 50%农利灵可湿性粉剂 1 000～1 500 倍液、40%施佳乐悬浮剂 1 000 倍液、50%扑海因可湿性粉剂 1 000～1 500 倍液、70%甲基托布津可湿性粉剂 800 倍液、50%万霉灵可湿性粉剂 1 000 倍液、75%百菌清可湿性粉剂 600 倍液等。注意交替使用。并根据农药安全间隔期有关规定进行。

九、草莓白粉病

【为害诊断】草莓白粉病主要为害叶片和果实。叶片发病初期先在叶背产生白色粉状小圆斑，后逐渐扩大为不规则、边缘不明显、密厚的白粉状霉斑，即为病菌分生孢子梗和分生孢子。发生严重时，病斑可以连接成片，布满整张叶片，受害部分叶片表现褪绿和变黄。

果实染病，防病初期在果面产生少量的白色粉状小斑，扩大后呈不规则密厚粉斑，与成熟期正常红色草莓形成强烈的色差，失去商品性。

【发病规律】病菌以菌丝体和发生孢子随病残体在大田越冬或越夏。翌年温、湿度条件适宜时，分生孢子萌发，通过气流或雨水反溅在寄主叶片上，形成初侵染，经 7 天成熟，形成新的分生孢子飞散传播，进行再侵染。浙江地区黄瓜白粉病发生盛期主要在 12 月至翌年 5 月。田间流行温度 16～25℃，相对湿度 80%以上。保护地栽培草莓因田间管理粗放、通风不良、栽培密度过高、氮肥施用过多、田块低洼而发病较重。

【防治方法】

(1)加强栽培管理　因地制宜选用耐病品种；合理密植，高畦栽培，开沟排水，加强通风透光，科学施肥，以增强植株长势，提高植株抗病力。发现病果、病叶及时摘除，收获后清除病残体，深翻土壤。

(2)化学防治　在发病初期喷药，每隔7～10天1次，连续5～8次。药剂可选用40%福星乳油6 000倍液或10%世高水溶性颗粒剂1 000～1 500倍液、62.25%仙生可湿性粉剂600倍液、15%粉锈宁可湿性粉剂1 500倍液、70%甲基托布津可湿性粉剂800倍液、75%百菌清可湿性粉剂600倍液、40%达科宁悬浮剂600倍液等进行防治。注意交替使用，并根据农药安全间隔期有关规定进行。

十、玉米大斑病

【为害诊断】主要为害叶片。玉米整个生长期均可发生。叶片发病多从下部近地面叶片先发病，逐渐向上部叶片蔓延发展。发病初期为水渍状青灰色小斑，后沿叶脉发展成长梭形大斑。病斑中央变为黄褐色，边缘变为深褐色，病、健部分界不明显。高湿发病严重时，病斑合成大片，病斑产生黑色霉状物，致使病部纵裂或枯黄萎蔫。果穗包叶染病，病斑不规则。

【发病规律】以菌丝体或分生孢子随病残体在土中越冬。种子可以带菌。翌年分生孢子借雨水、气流在田间传播，从叶片表皮气孔直接侵入，引起初次侵染。病菌先从下部老叶侵染，逐渐向上部叶片发展。发病适宜温度18～25℃，相对湿度85%左右，发病潜育期4～10天。浙江地区玉米大斑病主要发生为害期在5～6月和9～10月，梅雨期多雨，夏秋季多雨，肥水管理粗放，种植过密、通风透光差，整枝不及时，发病重。

【防治方法】

(1)农业措施　选用抗病性品种；实行与水生蔬菜或其他蔬菜轮作3年。

(2)种子消毒　在50℃温汤中浸种30分钟，晾干后播种；或用种子重量的0.3%的50%扑海因可湿性粉剂拌种。

(3)加强田间管理　深翻晒垡，增施有机栏肥，适当增施磷、钾肥，开沟排水，减低田间湿度。清洁田园，及时摘除病叶、老叶，收获后清除病残体等。

(4)化学防治　在发病初期及时喷洒75%百菌清可湿性粉剂600倍液或70%甲基托布津可湿性粉剂800倍液、64%杀毒矾可湿性粉剂1 000倍液、80%大生可湿性粉剂600倍液、50%多菌灵可湿性粉剂600倍液。每隔7～10天喷1次,连续2～3次。注意上述药剂交替使用,并严格根据有关农药安全间隔期规定进行。

十一、芋污斑病

【为害诊断】污斑病为毛芋主要病害,仅为害叶片。染病初期病斑呈淡黄色,后逐渐变为淡褐色至暗褐色,病斑近圆形或不规则形,直径0.5～2厘米,大小不一,似污渍状,故名污斑病。湿度大时病斑表面产生隐约可见的薄霉层,为分生孢子梗及分生孢子。严重时病斑布满叶片,致使叶片变黄枯死。

【发病规律】以菌丝体和分生孢子在病残体上越冬。翌春条件适宜时,病菌分生孢子借气流或雨水传播,多侵染生长衰弱的植株,然后产生新的分生孢子进行再侵染。在南方地区毛芋周年种植,病菌可辗转为害,无明显越冬期。高温、多湿的天气,偏施氮肥或缺肥田块,致使植株生长衰弱,发病较重。

【防治方法】

(1)加强管理　合理施肥,高畦栽培,开沟排水,加强通风透光,以增强植株长势,提高植株抗病力。收获后清除病残体,深埋或集中销毁,减少病源。

(2)化学防治　在发病初期喷药,每隔7～10天1次,连续5～8次。可选用62.25%仙生可湿性粉剂600倍液或50%多菌灵可湿性粉剂800倍液、70%甲基托布津可湿性粉剂800倍液、75%百菌清可湿性粉剂600倍液、40%达科宁悬浮剂600倍液进行防治。注意交替使用,并根据农药安全间隔期有关规定进行。

十二、姜瘟病

【为害诊断】姜瘟病又称腐烂病或青枯病。主要为害地下茎和根部,茎能受害。一般在贴近地面的地下根茎先染病。肉质茎受害初呈水渍状、黄褐色、无光泽，后内部组织逐渐腐烂，仅留皮囊，挤压病部可流出污白色米水状恶臭的汁液。根部发病初期呈水渍状，后黄褐色，最终腐烂。地上茎受害呈暗褐色，内部组织腐烂，仅留纤维。叶片受害呈凋萎状，叶色淡黄，边缘卷曲，终致全株下垂死亡。

【发病规律】病菌在种姜或土壤中越冬。带菌种姜是翌年的主要侵染病源，而且是远距离传播的主要途径。生姜种植后，病菌通过根茎部自然裂口和机械伤口侵入，引起初次侵染，形成发病中心，然后再侵染蔓延，使附近的植株发病，并不断扩散。在浙江省7～9月为主要发生期。梅雨季节、多雨年份、连作地块、山地酸性土壤、地势低洼，发病较重。

【防治方法】

(1)农业措施　从无病田留种或精选健种；实行轮作，尽可能选择前茬为大小麦、水稻或水生蔬菜轮作2～3年，避免与茄科蔬菜、花生等连作；施有机栏肥，每667平方米施用生石灰150～200千克消毒。

(2)种姜消毒　用20%龙克菌可湿性粉剂300倍液浸种3～5小时，或500毫克/千克农用链霉素、新植霉素浸种48小时后播种。

(3)化学防治　出现中心病株后立即浇灌农药。可用72%农用链霉素3 000倍液或47%加瑞农可湿性粉剂750倍液、14%络氨铜水剂350倍液、50%代森铵1 000倍液、20%龙克菌可湿性粉剂500倍液。每株灌根250毫升，每隔10～15天用药1次，连续3～4次。最后一次喷药至收获严格根据有关农药安全间隔期规定进行。

十三、甜菜螟

属鳞翅目螟蛾科。分布于黑龙江、吉林、辽宁、内蒙古、宁夏、青海、陕西、山西、北京、河北、山东、安徽、江苏、上海、浙江、江西、福建、湖南、湖北、广东、广西、贵州、重庆、四川、云南、西藏、台湾。寄主为苋菜、甜菜、玉米、大豆、甘薯、黄瓜、青椒、空心菜等。

【形态特征】成虫翅展 24～26 毫米，体棕褐色。头部白色，额有黑斑；触角黑褐色，下唇须黑色向上弯曲。胸部背面黑褐色，腹部环节白色。翅暗棕褐色，前翅中室有一条斜波纹状的黑缘宽白带，外缘有一排细白斑点；后翅也有一条黑缘白带，缘毛黑褐色与白色相间。双翅展开时，白带相接呈倒“八”字形。卵扁椭圆形，长 0.6～0.8 毫米，淡黄色，透明，表面有不规则网纹。老熟幼虫体长约 17 毫米，宽约 2 毫米，淡绿色，光亮透明，两头细中间粗，近似纺锤形，趾钩双序缺环。蛹长 9～11 毫米，宽 2.5～3 毫米，黄褐色，臀棘上有钩刺 6～8 根。

【为害诊断】幼虫吐丝卷叶，在其内取食叶肉，留下叶脉。

【防治方法】

(1)灯光诱杀　成虫发生期用灯光诱杀成虫。

(2)清洁田园　清除田间杂草及枯枝残叶，集中深埋或烧毁。

(3)化学防治　在低龄幼虫发生高峰期喷洒 5%锐劲特悬浮剂 2 000倍液或 2.5%保得乳油 2 000 倍液、50%辛硫磷乳油 1 500 倍液等药剂。

十四、玉米螟

属鳞翅目螟蛾科，又名玉米钻心虫。主要为害菜用甜玉米、玉米、番茄、青椒、茄子、豆类、甜菜等多种农作物。

【形态特征】成虫体长 12～15 毫米，展翅 25～35 毫米，黄褐色。雌蛾前翅鲜黄色，翅基 2/3 处有 2 条褐色波状横纹，外侧有黄色锯齿状线，向外有黄色锯齿状斑，黄褐色斑，雄蛾略小。卵扁椭圆形，初产乳白色，半透明，表面有网纹，孵化前黄色，卵粒呈鱼鳞状排列。幼虫共 5 龄，老熟幼虫体长 20～30 毫米，体背为黄色、淡红色或灰褐色，中胸和后胸各有毛瘤 4 个，腹部 1～8 节有 2 列毛瘤，前后 2 排共 8 个。蛹体长约 15 毫米，黄褐色至红褐色，第 1～7 腹节有刺毛 2 列，臀棘明显。

【发病规律】长江流域年发生 3～4 代。以老熟幼虫在被害作物茎秆及玉米穗内越冬。翌春越冬幼虫在茎秆中结茧化蛹。浙江越冬代成虫在5月中、下旬羽化，7～9月为盛发期。成虫夜间活动，飞翔能力和趋光性强。卵多产于雄蕊的植株叶背中脉两侧，少数产在茎秆上，平均每雌可产约400粒。幼虫孵化后先在玉米嫩叶或心叶上为害，被害叶长大后成整排小孔。高龄幼虫多在原为害处附近化蛹。最适温度22～28℃，相对湿度80%以上。玉米螟是一种钻蛀性害虫，为害玉米苗期形成枯心苗。玉米花、穗受害，虫粪污染，失去商品性。

【防治方法】

(1)农业防治　冬季清除玉米茎秆，消灭越冬虫源；干旱季节勤灌水，增大田间湿度，控制菜螟的发生；适当调整播种期，使苗期避开菜螟盛发期。

(2)灯诱成虫　每2.7～3.3公顷点频振式杀虫灯1盏或每0.7～1公顷点黑光灯1盏，连片使用效果更佳。

(3)化学防治　玉米心叶末期和幼穗初期为防治适期。以药剂灌芯或施入喇叭口为佳。药剂可选用Bt系列可湿性粉剂800～1 000倍液或48%乐斯本乳油1 000倍液、10%高效氯氰菊酯乳油2 000倍液、2.5%功夫菊酯乳油3 000倍液、5%抑太保乳油2 500倍液、52.5%农地乐乳油1 000倍液、10%菊・马乳油1 500倍液进行防治。注意药剂交替使用，各类农药使用严格按照安全间隔期有关规定进行。

十五、茭白二化螟

属鳞翅目螟蛾科。主要为害茭白、豌豆、蚕豆、水稻等多种农作物。

【形态特征】成虫体长12～15毫米，展翅雄虫20毫米。雌虫约25～28毫米。体灰黄色或淡褐色，中室下方有3个斑，排成斜线，外缘有7个小黑点。卵扁椭圆形，初产乳白色，半透明，表面有网纹，孵化前黄色，卵粒呈鱼鳞状排列。幼虫共5龄，老熟幼虫体长20～30毫米，体背为黄色、淡红色或灰褐色，中胸和后胸各有毛瘤4个，腹部1～8节有2列毛瘤，前后2排共8个。蛹体长约13毫米，圆筒形，初米黄色，后变为淡褐色，背面有 5 条棕褐色纵线。

【发病规律】长江流域年发生 2～3 代。以老熟幼虫在受害作物上越冬。浙江地区翌春化蛹，成虫在 4～5 月羽化，6～8 月为羽化盛期。成虫夜间活动，对黑光灯有较强的趋性。卵多产于植株叶鞘上或叶鞘内侧。平均每雌可产约 300 粒。幼虫孵化后群集为害，造成茭白枯鞘，长大后逐渐分散，从叶腋蛀入茎中。可转株为害。二化螟最适温度 22～25℃，相对湿度 80％左右。二化螟为害茭白时，以幼虫蛀食茎或食害心叶，形成枯心苗或枯茎，部分组织腐烂，影响产量。多雨、潮湿或茭白密度过大，则发生较重；高温、干旱，发生较轻。

【防治方法】

（1）清洁田园　可在冬季或早春齐泥割掉茭白残株，并铲除田边杂草，消灭越冬虫源；在成虫发生盛期后 3～5 天，剥除老叶和黄叶并集中烧毁，以消灭部分卵块。

（2）灯诱成虫　每 3 公顷设置频振式杀虫灯 1 盏或每公顷设置黑光灯 1 盏，连片使用效果更佳。

（3）农业措施　水稻换茬茭白田冬前深翻灌水，或老茭白田春暖后灌深水 20 厘米，7 天左右，消灭虫源。

（4）化学防治　以卵孵化高峰期为防治适期。药剂可选用 Bt 系列可湿性粉剂 800～1 000 倍液或 18％杀虫双乳油 500 倍液、5％锐劲特悬浮剂 1 000～2 000 倍液等喷雾。注意交替用药，各类农药使用严格按照安全间隔期有关规定进行。